# 图解家装水电设计与现场施工一本通

◎ 徐武 主编

人 民 邮 电 出 版 社

北 京

**图书在版编目（CIP）数据**

图解家装水电设计与现场施工一本通 / 徐武主编
. -- 北京 : 人民邮电出版社, 2017.5
ISBN 978-7-115-45156-9

Ⅰ. ①图… Ⅱ. ①徐… Ⅲ. ①房屋建筑设备－给排水系统－建筑安装－图解②房屋建筑设备－电气设备－建筑安装－图解 Ⅳ. ①TU821-64②TU85-64

中国版本图书馆CIP数据核字(2017)第068984号

## 内 容 提 要

本书以全彩图搭配步骤详解的方式介绍家装水电改造现场技能，涵盖水电改造所用到的基本技能。本书内容包括家庭装修基本知识、水电改造基本知识、水电图识读、相关材料和工具的介绍、水电安装各技能的分步图解等。

本书可供家装业主、想要从事和正在从事家装行业的水电工等相关人员阅读和参考。

◆ 主　　编　徐　武
　责任编辑　刘　佳
　责任印制　焦志炜

◆ 人民邮电出版社出版发行　　北京市丰台区成寿寺路 11 号
　邮编　100164　　电子邮件　315@ptpress.com.cn
　网址　http://www.ptpress.com.cn
　三河市君旺印务有限公司印刷

◆ 开本：787×1092　1/16
　印张：11　　　　2017 年 5 月第 1 版
　字数：266 千字　　2025 年 1 月河北第16次印刷

定价：49.80 元

**读者服务热线：(010) 81055256　印装质量热线：(010) 81055316**
**反盗版热线：(010) 81055315**
**广告经营许可证：京东市监广登字 20170147 号**

# 前言

水电改造属于家庭装修中的隐蔽工程，与业主家居生活的舒适及安全息息相关。房屋装修好之后，水电如果出现问题，维修起来会非常麻烦，而大部分业主对水电改造知识了解并不多，施工时如未能及时发现问题，会留下诸多安全隐患，并可能严重影响业主的生活质量。市面上涉及水电改造的书籍琳琅满目，但真正实用的却凤毛麟角，要么偏理论不适合入门，要么内容杂缺乏脉络。基于向广大业主普及基本水电改造知识以及提高水电工技能水平的初心，我们结合多年家装水电改造经验，精心编写了本书。

本书结合家装水电施工现场实际，以浅显易懂的语言详细介绍家装水电工的常用技能。本书竭力避免市面上水电改造书籍繁芜冗赘的缺点，对理论知识删繁就简，力求精炼。如材料、工具不再独立成章，只在水电技能真正需要时逐一介绍，使读者聚焦于技能本身，避免被不需要的工具与材料分散注意力。另外，本书配有大量现场施工细节彩图，以图文结合的形式讲解水电现场施工方法，并结合实际经验，详细说明装修水电施工要点及注意事项。

本书共分为五章。第一章主要介绍家装流程、水电改造步骤、水电改造常用术语；第二章主要介绍水电施工图识读，第三章主要介绍水电设计要求及案例解析，第四、五章主要介绍水路和电路改造必备技能，为本书重点。

参与本书编写的有孙淼、叶萍、黄肖、邓毅丰、张娟、邓丽娜、杨柳、张蕾、刘团团、刘向宇、卫白鸽、郭宇、王广洋、王力宇、梁越、李小丽、王军、李子奇、于兆山、蔡志宏、刘彦萍、张志贵、刘杰、李四磊、孙银青、肖冠军、安平、马禾午、谢永亮、李广、李峰、周彦、赵莉娟、潘振伟、王效孟、赵芳节、王庶。

编者

2017年1月

# 目录

# Contents

Contents

Contents

# 第一章 家装水电基础知识

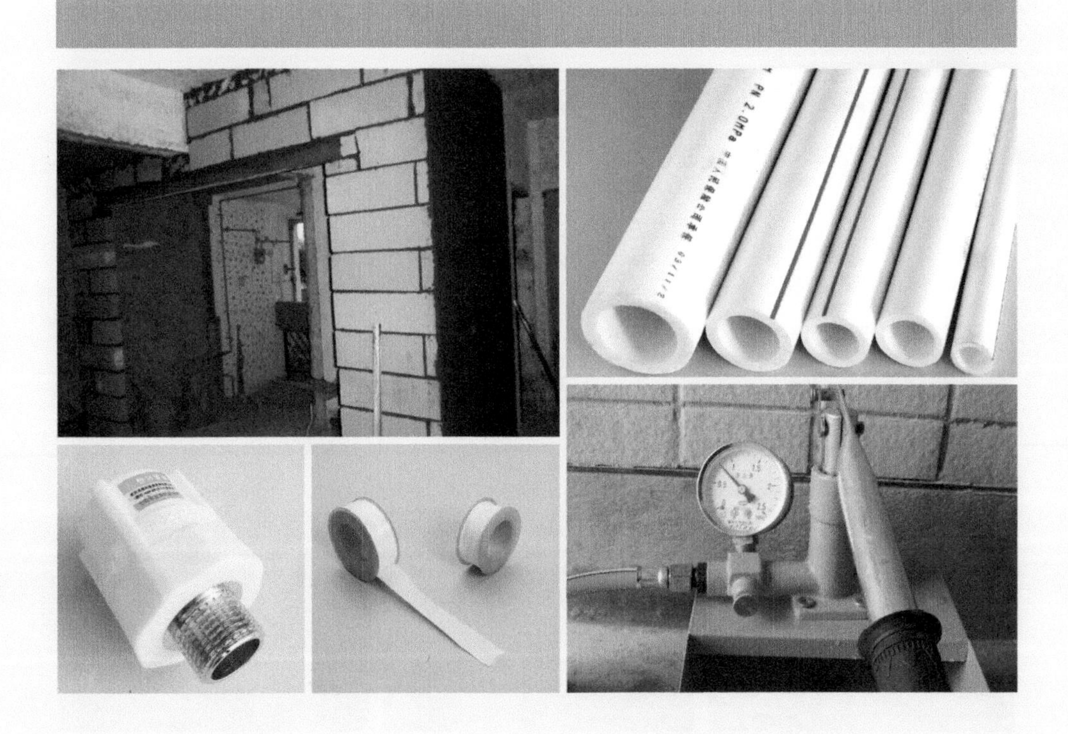

# 1.1 了解房屋装修流程

## 1.1.1 装修阶段划分

装修过程大概可分为以下三个阶段：

①土建阶段：主要包括前期设计、主体拆改、水电改造、木工、墙面刷漆等。

②安装阶段：主要包括厨卫吊顶、橱柜安装、木门安装、地板安装、铺贴壁纸、散热器安装、开关插座安装、灯具安装、窗帘杆安装、五金洁具安装等。

③收尾阶段：主要包括保洁、家具进场、家电安装、家居配饰等。

具体顺序可用下图表示。

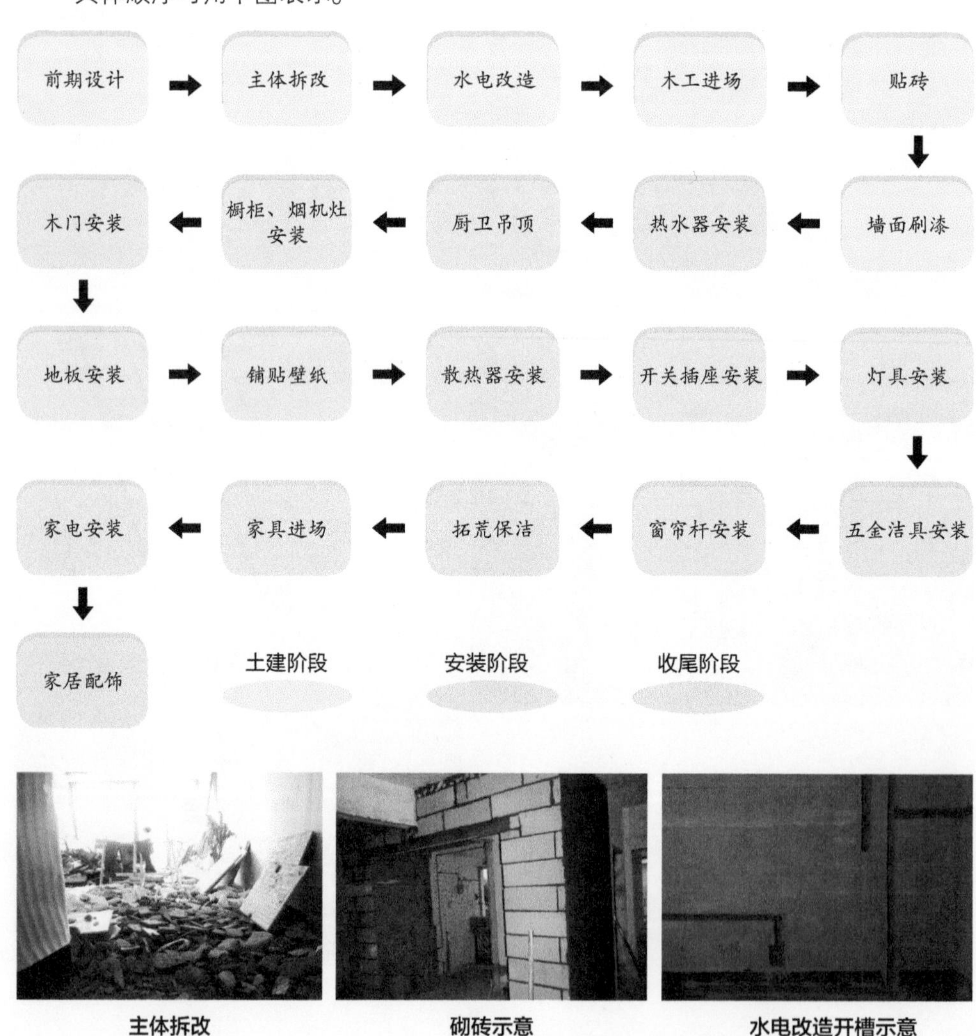


主体拆改　　砌砖示意　　水电改造开槽示意

## 1.1.2 装修工种进场顺序

| 阶段 | 施工流程 | 内容 | 工种进场 |
|---|---|---|---|
| 土建阶段 | 前期设计 | 1. 业主与专业设计师沟通想法，确定装修设计方案。<br>2. 业主需注意对自己的房屋进行一次详细的测量，测量内容包括:<br>①明确装修过程中涉及的面积，包括需拆墙面积、贴砖面积、墙面漆面积、壁纸面积、地板面积;<br>②明确主要墙面面积，特别是以后需要设计摆放电视墙等家具的墙面尺寸 | — |
|  | 主体拆改 | 包括拆墙、砌墙、批灰等 | 力工（敲墙）、泥瓦工 |
|  | 水电改造 | 1. 画线定位，开墙槽，埋管，穿线，封埋线槽，做防水等。<br>2. 业主此时可以联系橱柜公司到现场确认橱柜位置，并确认油烟机插座的位置是否影响以后油烟机的位置，水表的位置是否合适，上水口的位置是否便于以后安装水槽等；如天然气管道需要改造，需提前通知供气单位，由供气单位进行改造，不得私自改造。<br>3. 业主此时可订购灶、抽油烟机、热水器、马桶、洗漱盆、地漏等厨卫用具 | 水电工、泥瓦工（做防水） |
|  | 木工 | 包立管，吊天花板，包门套、窗套，制作木柜框架，制作各种木门等；业主此时需联系专业人员打出空调管道洞和热水器排气孔 | 木工 |
|  | 贴砖 | 刮腻子，刷面漆，装石膏线，木制面板刷防尘漆 | 泥瓦工 |
|  | 墙面刷漆 | 油工进场，主要完成墙面基层处理、刷面漆。如有贴壁纸的需要，此时让油工在计划贴壁纸的墙面做基层处理 | 油漆工 |
| 安装阶段 | 热水器安装 | 通常在吊顶之前安装热水器，一般安装在厨房或阳台 | — |
|  | 厨卫吊顶 | 在厨房和卫生间安装集成吊顶，同时安装厨卫吸顶灯、浴霸 | 木工 |

| 阶段 | 施工流程 | 内容 | 工种进场 |
| --- | --- | --- | --- |
| 安装阶段 | 橱柜、烟机灶具安装 | 1. 安装橱柜之前让物业通煤气。<br>2. 约橱柜公司安装橱柜，同时安装水槽。<br>3. 烟机灶具与橱柜安装安排在同一天，方便双方协调；煤气灶安装完毕需试气 | — |
| | 木门安装 | 安装门，同时安装合页、门锁、地吸 | — |
| | 地板安装 | 1. 找地板厂家检测地面是否需要找平。<br>2. 地板安装之前，地面要打扫干净，避免用水，要保证地面的干燥 | — |
| | 壁纸铺贴 | 铺贴壁纸前，需保证墙面干净 | — |
| | 开关插座安装 | 1. 卫生间和厨房的插座都必须是防水的;<br>2. 插座宁多勿少，布置插座处最好再留一个备用插座 | 电工 |
| | 灯具安装 | 安装灯具并调试 | 电工 |
| | 五金洁具安装 | 安装上下水管件、卫浴挂件、马桶等 | 水工 |
| | 窗帘杆安装 | 此时不装窗帘，待保洁之后再装 | — |
| 收尾阶段 | 保洁工作 | 清理卫生，地砖补缝。此时家里不要有家电之类占空间的器具，保证更多空间被清理打扫；此时装修公司内部可进行初步验收，并预约时间进行正式验收，交付业主 | — |
| | 家具进场 | — | — |
| | 家电安装 | — | — |
| | 家居配饰 | 业主根据个人品味购买装饰品 | — |

**Tips**

a. 主体拆改前需要办理入场手续。一般来说，办理入场手续需要装修队负责人的身份证原件与复印件、业主身份证原件与复印件、装修公司营业执照复印件、装修公司建筑施工许可证复印件，还有装修押金，办理之前可具体询问一下业主所在的房屋管理处。

b. 敲墙面积可以根据房屋的平面图纸计算，平面图上有关于房屋所有的详细数据。记得在敲墙之前将要敲墙的面积量好，要知道敲墙可是按面积算价钱的。

相关人员现场交底

## 1.1.3 装修材料进场或预定顺序

| 序号 | 名称 | 建议购买时间 | 备注 |
| --- | --- | --- | --- |
| 1 | 装修工程预付款 | 签订合同时 | 交给装修公司装修总工程款的 30%（或 20%） |
| 2 | 防盗门 | 开工前 | 如果是新房或之前未安装防盗门的二手房，为保证财产安全，最好一开工就安装防盗门。防盗门一般需要一周左右的定做时间 |
| 3 | 水泥、沙子、腻子、龙骨、石膏板、水泥板、白乳胶、原子灰、砂纸、滚刷、毛刷、手套、口罩等 | 开工前 | 一开工就能拉到工地，一般不需要提前预定 |
| 4 | 橱柜、浴室收纳柜 | 墙体改造完 | 墙体改造完毕就需要商家上门测量，确定设计方案，其方案还可能影响水电改造方案 |
| 5 | 热水器、小厨宝 | 水电改造前 | 其型号和位置会影响水电改造方案和橱柜设计方案 |
| 6 | 浴缸、淋浴房 | 水电改造前 | 其型号和位置会影响水电改造方案 |
| 7 | 水槽、面盆 | 橱柜设计前 | 其型号和位置会影响水改方案 |
| 8 | 油烟机、煤气灶 | 橱柜设计前 | 其型号和位置会影响电改方案 |
| 9 | 排风扇、浴霸 | 电改前 | 其型号和位置会影响电改方案 |
| 10 | 散热器或地暖系统 | 开工前 | 墙体改造完毕需商家上门改造供暖管道 |
| 11 | 室内门 | 墙体改造完 | 联系商家上门测量 |
| 12 | 塑钢门窗 | 墙体改造完 | 联系商家上门测量 |
| 13 | PPR 管、PVC 管以及相关配件 | 水改前 | 墙体改造完毕开始水电改造，需要提前确定改造方案和准备相关材料 |
| 14 | 电路相关材料 | 电改前 | 墙体改造完毕开始水电改造，需要提前确定改造方案和准备相关材料 |
| 15 | 防水材料 | 泥瓦工入场前 | 水电改造完毕，卫生间需要做防水 |
| 16 | 瓷砖、勾缝剂 | 泥瓦工入场前 | — |

| 序号 | 名称 | 建议购买时间 | 备注 |
|---|---|---|---|
| 17 | 石材 | 泥瓦工入场前 | 窗台、地面、过门石、踢脚线都可能用石材，一般需要提前三四天确定尺寸并预定 |
| 18 | 地漏 | 泥瓦工入场前 | 泥瓦工铺地砖同时安装地漏 |
| 19 | 装修工程中期款 | 泥瓦工结束后 | 泥瓦工结束后验收合格，交给装修公司装修总工程款的 30%（或 40%） |
| 20 | 吊顶材料 | 木工入场前 | 泥瓦工贴完瓷砖三天左右就可以进行吊顶，需要提前三四天确定吊顶尺寸并预定 |
| 21 | 乳胶漆 | 油漆工入场前 | 墙体基层处理完毕就可以刷乳胶漆 |
| 22 | 大芯板等板材及钉子等 | 木工入场前 | 不需要提前预定 |
| 23 | 油漆 | 油漆工入场前 | 不需要提前预定 |
| 24 | 地板 | 较脏的工程完毕后 | 一般需要提前一周订货 |
| 25 | 壁纸 | 地板安装后 | — |
| 26 | 门锁、门吸、合页等 | 基本完工后 | 不需要提前预定 |
| 27 | 玻璃胶及胶枪 | 洁具安装前 | 五金洁具需要玻璃胶密封 |
| 28 | 五金洁具等 | 安装阶段 | 一般款式不需要提前预定，如有特殊要求可提前一周 |
| 29 | 灯具 | 安装阶段 | 一般款式不需要提前预定，如有特殊要求可提前一周 |
| 30 | 插座、开关面板 | 安装阶段 | 一般不需要提前预定 |
| 31 | 地板蜡、石材蜡等 | 保洁前 | 供保洁人员使用 |
| 32 | 保洁 | 完工 | 需提前两三天预定 |
| 33 | 装修工程后期款 | 完工后 | 保洁完毕，验收合格，交给装修公司装修总工程款的 40% |

给水管进场

电缆进场

网线进场

## 1.2 水电改造施工步骤及注意事项

### 1.2.1 水电改造施工步骤

水电改造属于家庭装修过程中的“隐蔽工程”，如果处理不当，日后维修起来会很麻烦，还会影响居家安全，所以需要慎重对待。

通常来说，水电施工可以总结为以下六个步骤：水管管路开槽→水路管路安装→水路试压验收→电路线路开槽→电路布线→绝缘电阻测试。

①水管管路开槽：按照水路布置图，先在墙面弹线，再开槽。管路开槽要求为横平竖直。

②水路管路安装：按照设计图纸，使用 PPR 管排放所有的管道，安装水龙头及其他用水设备。

给水管开槽

给水管安装

③水路试压验收：为了以后水路使用的安全性，水路安装完毕要进行试压，试压介质为常温清水，试压工具为打压泵，具体内容详见后文。

④电路线路开槽：在确定好用电器功率及使用需求后，开始弹平行线与垂直线，之后开槽，安装开关插座底盒。

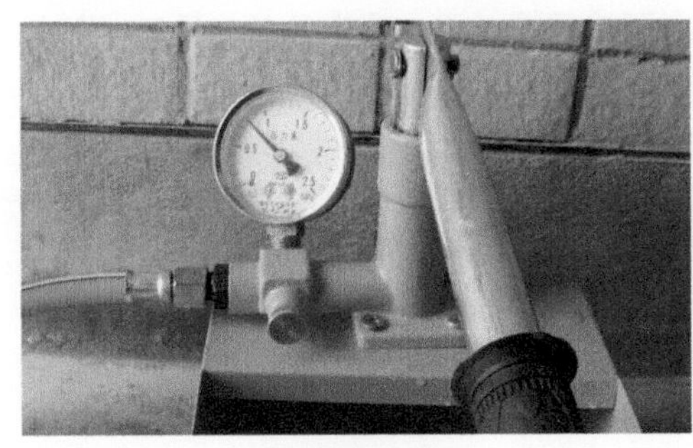

给水管压力试验

弱电线管开槽

⑤电路布线：一般情况下，电器线组走墙地面，开关及照明灯线组走墙顶面。开关插座底盒安装时必须横平竖直，厨房的开关插座须根据橱柜设计的使用功能来布置安装。

⑥绝缘电阻测试：为了用电安全，电路安装完毕同样需进行检测，用500V绝缘电阻表测试绝缘电阻值。按照标准，接地保护应可靠，导线间和导线对地间的绝缘电阻值应大于0.5MΩ。具体内容详见后文。

强弱电暗盒埋设

绝缘电阻测试

## 1.2.2 水电改造注意事项

①严禁导线外露：严禁将导线无任何保护地直接敷设在墙内、地板下或天棚上。

②电路分开走线：要求强电与弱电，开关、空调插座与电器插座分开走线。强、弱电最少应相隔30mm，空调柜机插座用4mm$^2$电线分组，应距地面200mm以上；空调挂机插座用2.5mm$^2$电线分组，应距地面1800mm以上。电器插座专用4mm$^2$电线分组，开关专用2.5mm$^2$以上电线分组。

③用电系统保护方式：接地保护和接零保护，在同一系统中，严禁同时采取两种保护方式。

④禁止在穿线管内连接导线：导线长度不够需接长时，应在开关、插座、灯头暗盒等盒内接线。

⑤排水管无渗漏、牢固：排水管横向管道应有一定的坡度，承插口连接严密，确保无渗漏。固定管道的支架和吊卡间距合理、牢固。

⑥在厨房和卫生间开槽打孔时不要把原电线管路或水暖管路破坏；电路需要做防水处理；电线接头一定要搪锡。

灯头暗盒内穿线

强电穿线管拉线

## 1.3 水电改造专有名词

### 1.3.1 水路改造用到的名词

**开线槽**

也叫打暗线。用切割机或其他工具在墙里打出一定深的槽，将电线管、水管埋在里面

**暗管**

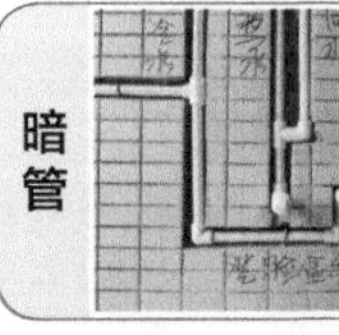

埋在线槽里的水管，包括很多种类，例如 PPR 管、镀锌管等

**生料带**

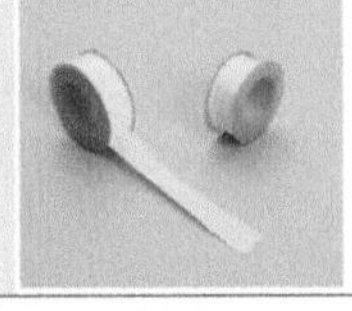

生料带是水暖安装中常用的一种辅助用品，用于管件连接处，增强管道连接的密闭性，具有无毒无味，密闭性、绝缘性、耐腐性优良等特点

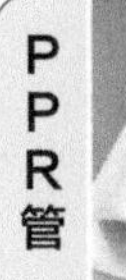

**PPR管**

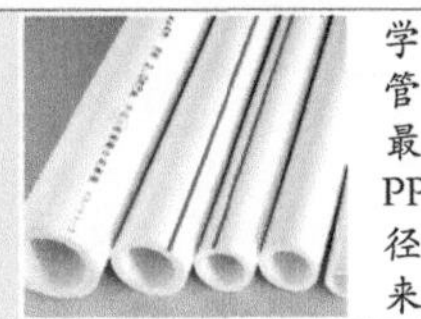

学名是无规共聚聚丙烯管，是目前水路改造中最常用的一种供水管道。PPR 管的规格用公称外径（$d_n$）× 公称壁厚（$e_n$）来表示，单位为 mm

**堵头**

指的是水管安装好后，龙头没装的时候，暂时堵住出水口的一个白色的小塑料块。规格用内径 × 截径表示，单位为 mm

**地漏**

指地漏口的金属件：一种是带镂空花纹的普通款，另一种是防臭地漏，可以防止臭气和病菌从下水管传上来

**外丝**

外丝就是螺旋丝在配件外面，规格用直径表示，单位为 mm

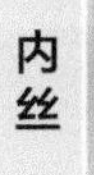

**内丝**

内丝就是指螺旋丝在配件里面，规格用直径表示，单位为 mm

## 1.3.2 电路改造用到的名词

**强电**

强电是一种动力能源，一般是指交流电电压在24V以上。如家中的电灯、插座等电压都在110～220V，属于强电。
功率以kW（千瓦）、MW（兆瓦）计；电压以V（伏）、kV（千伏）计；电流以A（安）、kA（千安）计

**弱电**

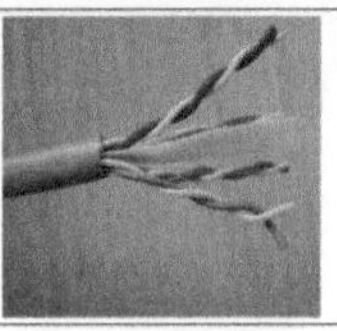

弱电是一种信号电，包括电话线、网线、有线电视线、音频线、视频线、音响线等电流小的线路。
功率以W（瓦）、mW（毫瓦）计；电压以V（伏）、mV（毫伏）计；电流以mA（毫安）、μA（微安）计

**暗线**

埋在线槽里的强/弱电线，一般要包在电线管里，被称为暗线，电线管一般用4分的PVC管。
“4分”是英制管道直径长度的叫法，即1/2英寸，等于国际单位制的12.7mm

**空开**

空气开关是一种只要有短路现象就会跳闸的开关，因为利用了空气来熄灭开关过程中产生的电弧，所以叫空气开关，简称空开

**配电箱**

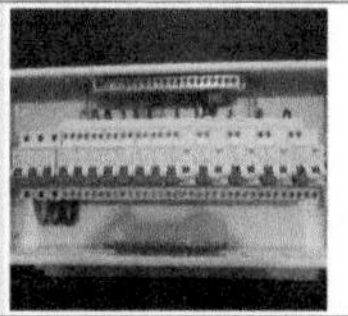

空开外面套个箱子镶在墙上就是配电箱，分为强电配电箱和弱电配电箱。配电箱里的总空开最大电流量一般要高于或等于电表的断路器的最大电流量

**暗盒**

暗盒是指位于开关、插座等面板下面的盒子，线就在这个盒子里跟面板连在一起，方便更换和维修。需要注意的是，有些品牌开关插座厂商的面板必须配专用的暗盒

**平方**

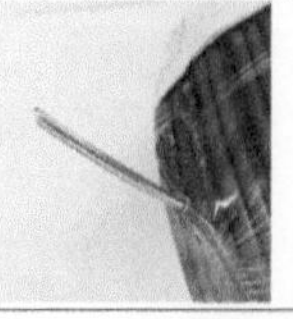

电线的平方实际上是指电线的横截面积，常说的几平方电线即平方毫米

# 第二章

# 水电施工图识读

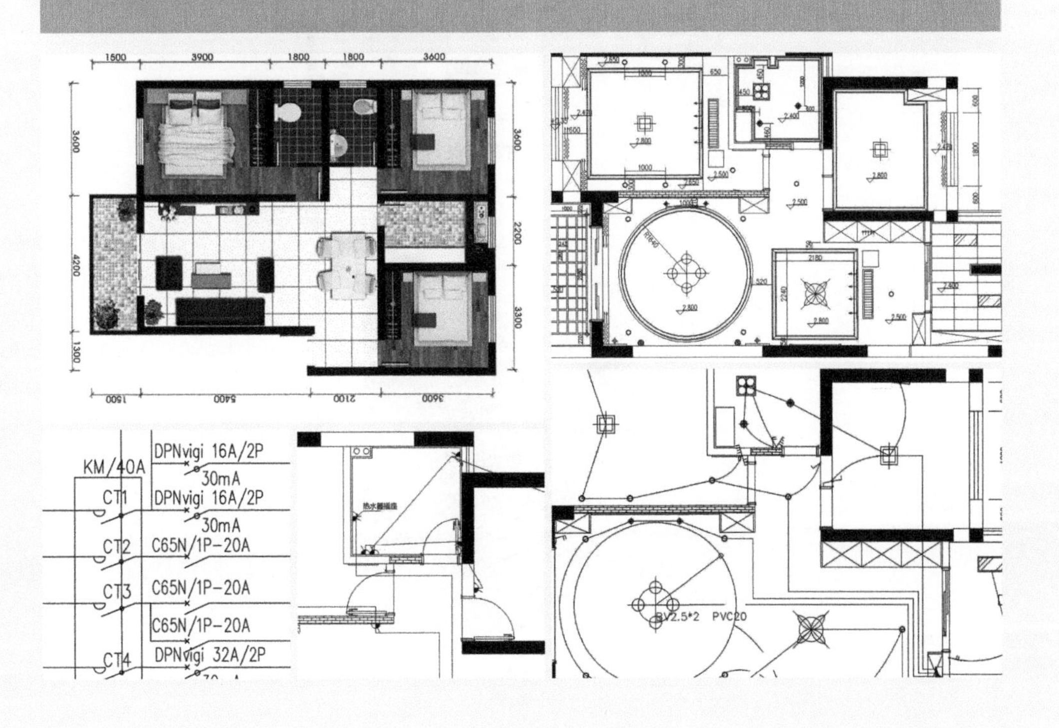
1500
3900
1800
1800
3600
3600
4200
1300
2200
3300
5400
2100
KM/40A
DPNvigi 16A/2P
30mA
CT1
DPNvigi 16A/2P
30mA
CT2
C65N/1P-20A
CT3
C65N/1P-20A
C65N/1P-20A
CT4
DPNvigi 32A/2P
BV2.5*2 PVC20

# 2.1 水电识图基础知识

## 2.1.1 家装常用图纸及作用

家装常用的施工图包括平面布置图、顶面布置图、立面图、效果图、照明布置图、水路布置图、配电系统图和插座布置图等。

可以从图纸上了解家具、电器的分布位置以及交通路线等

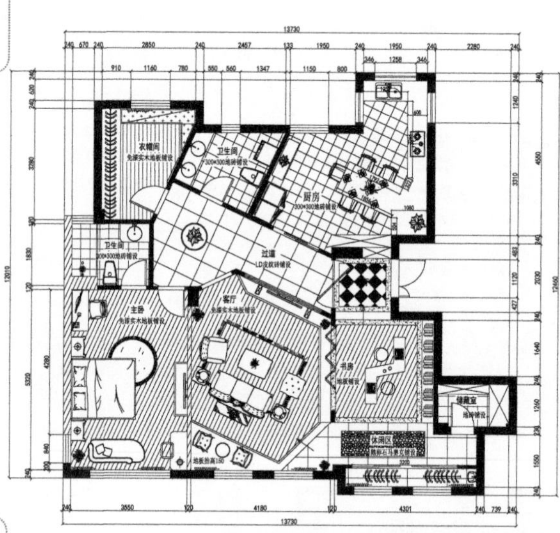

平面布置图作用

可以从图纸上了解天花板的吊顶造型以及顶面灯具的分布形式、数量及款式等

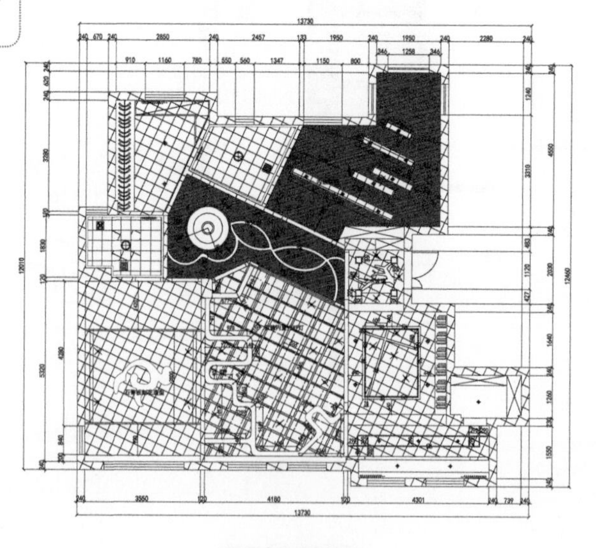

顶面布置图作用

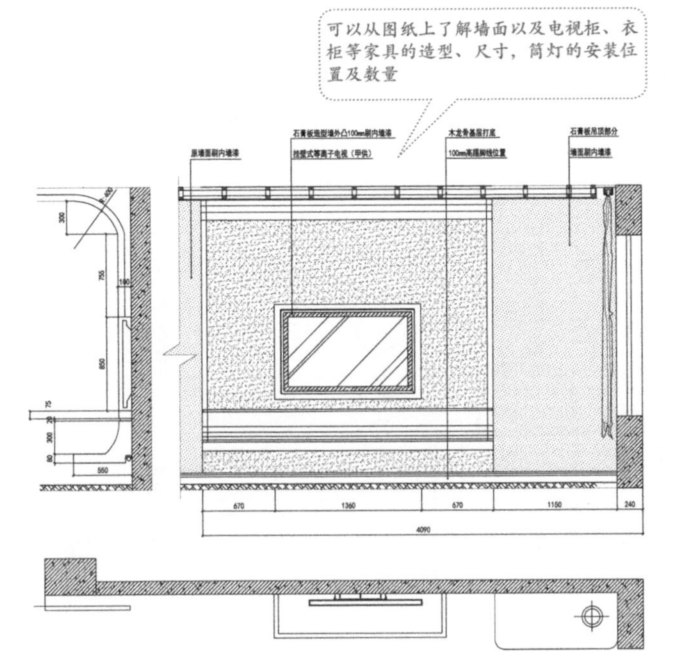
可以从图纸上了解墙面以及电视柜、衣柜等家具的造型、尺寸，筒灯的安装位置及数量
原墙面刷内墙漆
石膏板造型墙外凸100mm刷内墙漆
挂壁式等离子电视（甲供）
木龙骨基层打底
100mm高踢脚线位置
石膏板吊顶部分
墙面刷内墙漆
670
1360
670
1150
240
4090

**立面图作用**

从图纸上可以看出各种装饰的最终效果，包括颜色、材质、造型、灯光效果等

**效果图作用**

可以从图纸上了解照明的回路数量、回路上灯的数量、每盏灯与开关的关系和连接以及线路上的导线数量等

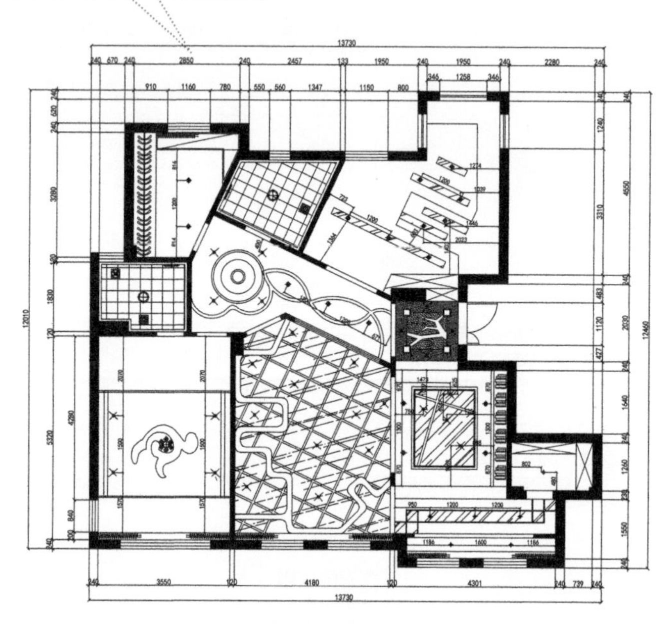

照明布置图作用

可以从图纸上看出水路中冷热管线的长度及分布情况

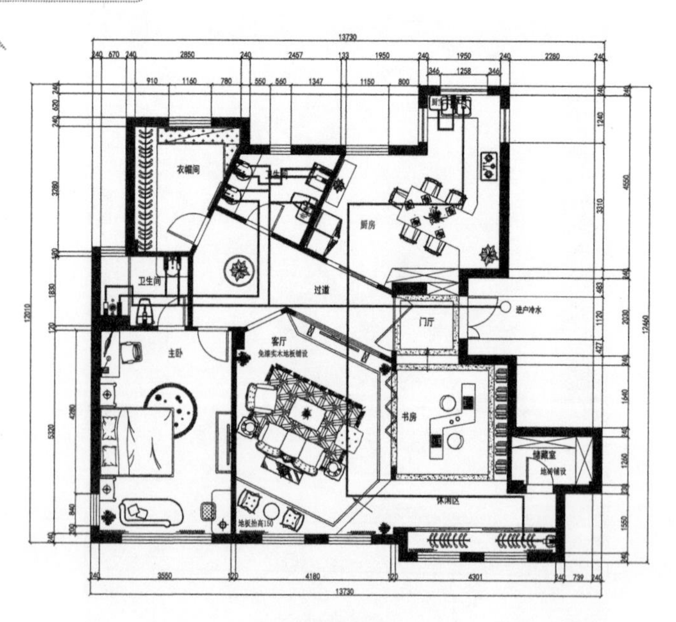


水路布置图作用

可以从图纸上看出各个部件的型号，如配电箱、断路器等，也能够看出每个电路中电线的型号以及回路的总数量

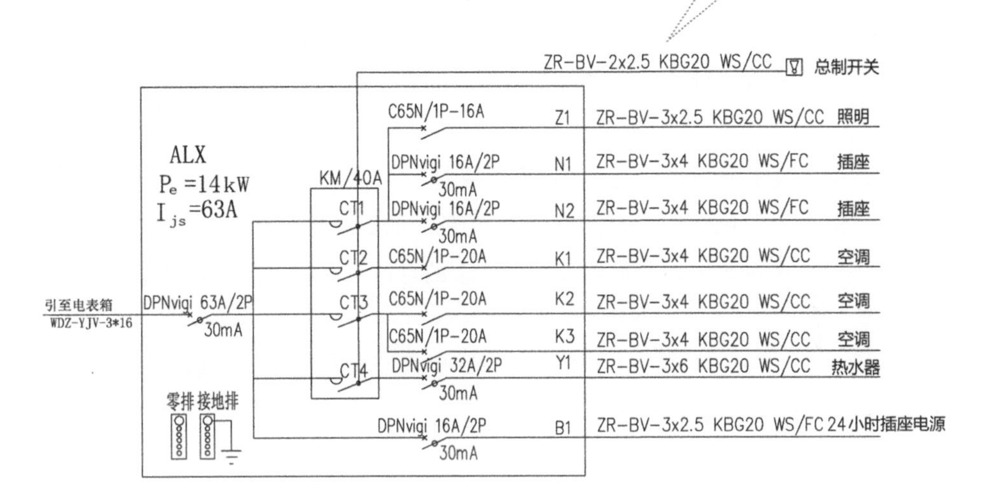


配电布置图作用

可以从图纸上看出插座在每个房间中的分布情况及数量

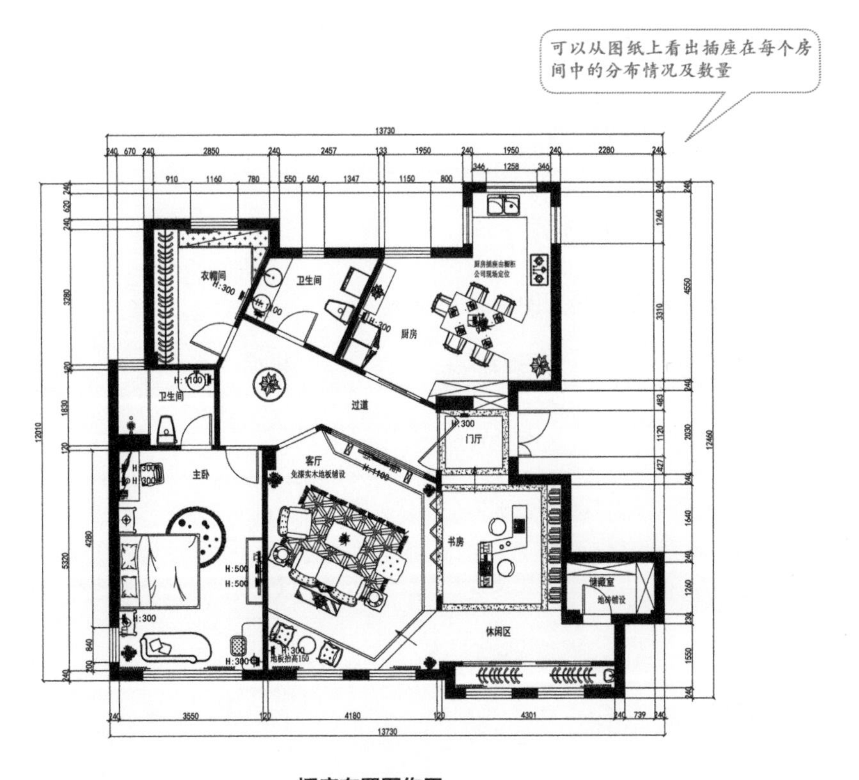


插座布置图作用

### 2.1.2 家装水电识图技巧

①识读家装水电图时，首先找到设计师列举的常见图例与符号，了解它们分别代表的含义，此时可与图纸相结合，看看图例与符号出现在哪些位置。

②其次，阅读设计说明，并与图纸相对照，这样可以对整个系统有总体的了解和把握。

③识读家装水电图时，不要只看某一种图，如平面图，要与其他图（如系统图、大样图）相结合，不同类型的图有不同的特色，需要对照着看。

④识读家装水电图时，需要了解设计者的目的与意图。另外，也要了解现场的实际体现。

⑤识读时，一般从主干线开始，按走向顺序逐步看支线，然后到与具体设备连接处，全面系统了解整个系统与各部分的施工工艺要求。

⑥搞清楚各设备的位置，以及对装饰结构、装饰外观的影响，并了解设备的预留位置与空间要求、配套要求、后续工种要求。如果发现位置与装饰结构等冲突或者与实际不符合的情况，要及时指出，及时修正。

## 2.2 水路识图

### 2.2.1 水路识图常用图例

家装给排水施工图常用图例见下表。

| 图例 | 名称 | 图例 | 名称 |
|---|---|---|---|
| | 冷水管 | | 淋浴器 |
| | 热水管 | | 洗菜池 |
| | 坐便器 | | 地漏 |
| | 洗脸盆 | | 烟道 |
| | 拖布池 | | 阳台太阳能热水器 |

## 2.2.2 如何看给水布置图

### 1. 识图信息

①厨房、卫生间、阳台等用水场所的位置。

②洗脸盆（面盆）、坐便器、洗菜盆、热水器等用水设备的位置及数量。

③各管道的管径及标高。

### 2. 实例解读

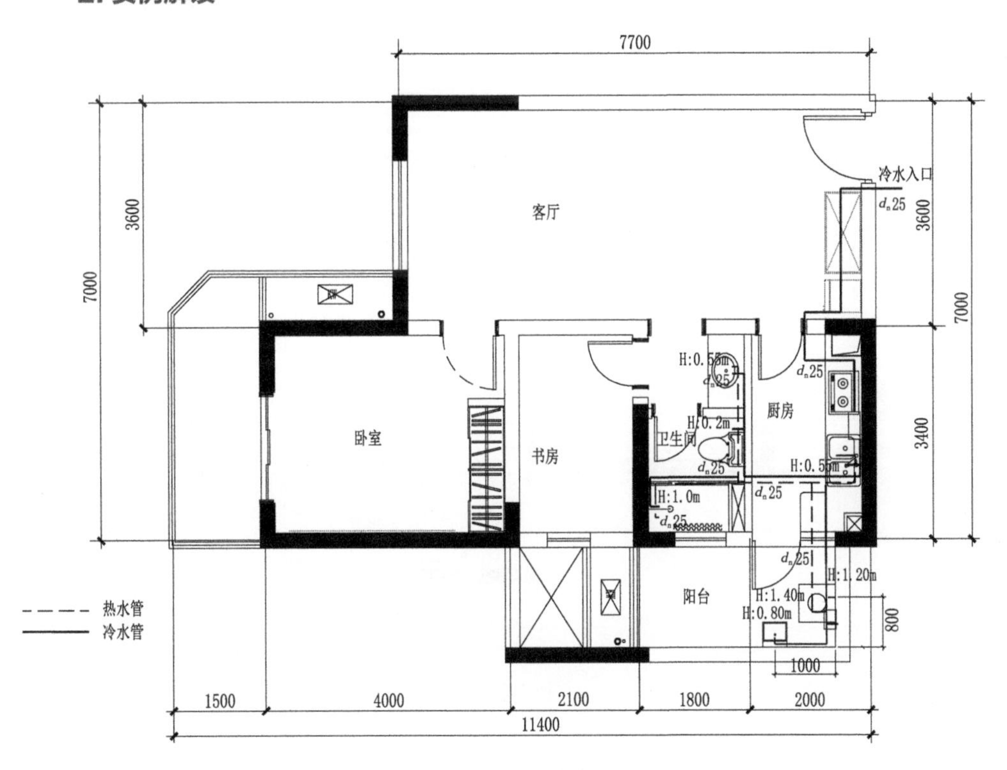


给水布置图

由上图可以看出：

a. 卫生间有 1 个洗脸盆、1 个坐便器和 1 个淋浴头。洗脸盆处接管标高为 0.55m，管径为 $d_n$25；坐便器接管标高为 0.20m，管径为 $d_n$25；淋浴头处接管标高为 1.0m，管径为 $d_n$25。

b. 厨房有 1 个洗菜池和 1 个水表。洗菜池处接管标高为 0.55m，管径为 $d_n$25。

c. 阳台有 1 个太阳能热水器和 1 个拖布池。热水器冷水接管标高为 1.20m，热水接管标高为 1.40m，管径为 $d_n$25。

## 2.2.3 如何看排水布置图

### 1. 识图信息

①坐便器、洗菜池、拖布池排水口位置。

②各地漏的具体位置。

### 2. 实例解读

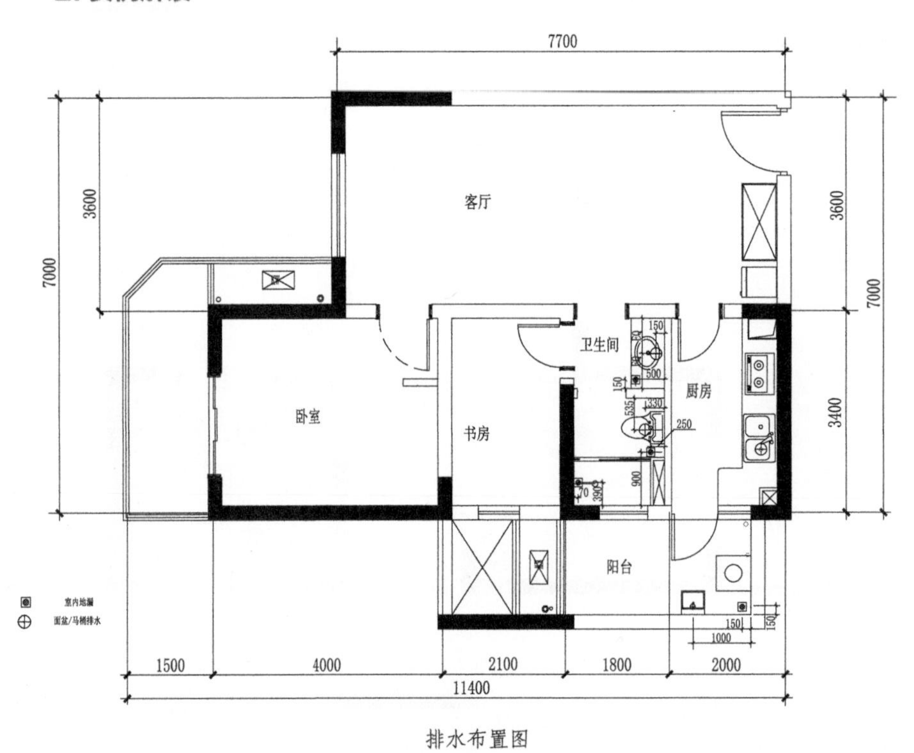


排水布置图

由上图可以看出各洁具排水口以及地漏的距墙尺寸，也就知道了楼板上需要开孔的位置。

## 2.3 电路识图

## 2.3.1 电路识图常用图例

电路识图常用图例见下表。

| 图例 | 名称 | 图例 | 名称 |
|---|---|---|---|
|  | 防水射灯 |  | 单联开关 |
|  | 防水筒灯 |  | 双联开关 |
|  | 筒灯 |  | 三联开关 |
|  | 吊灯 |  | 双控开关 |
|  | 吸顶灯 |  | 五孔插座 |
|  | 嵌入式吸顶灯 |  | 防溅插座 |
|  | 浴霸 | G | 空调挂机插座 |
| K | 浴霸开关 |  | 空调柜机插座 |
| TV | 有线电视 |  | 带开关插座 |
| STV | 卫星电视 |  | 防溅带开关插座 |
|  | 可视电话 | TD | 电话网络插座 |
|  | 强电箱 | D | 网络插座 |
|  | 弱电箱 | LEB | LEB 端子板 |

## 2.3.2 如何看配电系统图

### 1. 识图信息

①电源进线的类型和敷设方式以及电线的数量。

②电源进入配电箱后分的回路数量及其名称功能，电线的数量、开关的特点及类型、敷设方式等。

配电图常见敷设方式符号见下表。

| 符号 | 名称 | 符号 | 名称 |
|---|---|---|---|
| AB | 沿或跨梁（屋架）敷设 | FC | 穿焊接钢管敷设 |
| BC | 暗敷设在梁内 | MT | 穿电线管敷设 |
| AC | 沿或跨柱敷设 | MR | 金属线槽敷设 |
| WS | 沿墙面敷设 | PC | 穿硬塑料管敷设 |
| WC | 暗敷设在墙内 | CT | 电缆桥架敷设 |
| CC | 暗敷设在屋面或顶板内 | DB | 直接埋设 |
| SCE | 吊顶内敷设 | CP | 穿金属软管敷设 |
| FC | 地板或地面下敷设 | KPC | 穿聚氯乙烯塑料波纹电线管敷设 |

Tips

配电系统图常见符号的含义：
WDZN-BYJ（电线）：固定敷设用铜芯导体交联聚乙烯绝缘无卤低烟阻燃耐火型电线。
WDZN-YJF（电线）：铜芯导体辐照交联聚乙烯绝缘无卤低烟阻燃耐火型电线。
WDZN-YJFE（电缆）：铜芯导体辐照交联聚乙烯绝缘聚烯烃护套无卤低烟阻燃耐火型电缆。
YJF：辐照交联聚乙烯。
C65N/1P-16A 也可标示为 C65N-C63/1P。C65N 为断路器型号，P 为极数，A 为额定电流，DPN 16A/2P 同理。
回路号如 Z1/N1 等后标示的为电线型号、根数以及平方数。
在电线型号后标示的 KBG20 表示为 20mm 壁厚的金属管，现多用 PVC 管，则标示为 PC 字样。
BV：铜芯聚氯乙烯绝缘电线。
BLV：铝芯聚氯乙烯绝缘电线。
BVR：铜芯聚氯乙烯绝缘软电线。

## 2. 实例解读

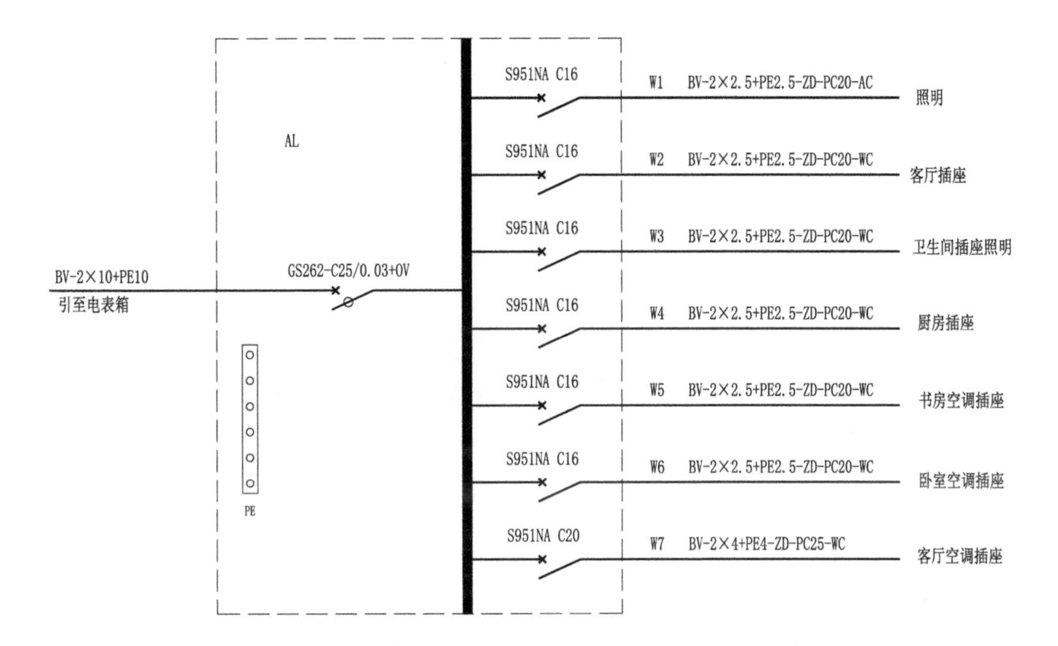


AL 配电箱系统图

由上图可以看出：

a. 入户线为 BV-2×10+PE10，即 2 根线芯为 10mm$^2$ 铜芯聚氯乙烯绝缘电缆加上 1 根线芯为 10mm$^2$ 的 PE 线，总断路器型号为 GS262-C25/0.03 + OV，属于 GS260 系列 2 极微型断路器，C 型脱扣曲线（适用于为阻性负载和较低冲击电流的感性负载提供保护），额定电流为 25A，额定剩余动作电流为 0.03A，OV 代表过压脱扣。

b. 各分断路器型号为 S951NA-C16 或 S951NA-C20，即 S950 系列 1 极小型断路器，额定电流为 16A 或 20A。

c. 电源从配电箱中出来后分为 7 个回路，具体如下：

W1：BV-2×2.5+PE2.5-ZD-PC20-AC，即 2 根线芯为 2.5mm$^2$ 铜芯聚氯乙烯绝缘电缆加上 1 根线芯为 2.5mm$^2$ 的 PE 线，阻燃成束燃烧型 D 类，穿 20mm 的 PVC 管，沿或跨柱敷设，ZD 表示电缆阻燃等级为 D 级别，一般该类电缆外径都不超过 12mm 或导体截面不超过 35mm$^2$。

W2：管线暗敷设在墙内，其余同 W1 回路。

W3、W4、W5、W6：同 W2。

W7：BV-2×4+PE4-ZD-PC20-WC，即 2 根线芯为 4mm$^2$ 铜芯聚氯乙烯绝缘电缆加上 1 根线芯为 4mm$^2$ 的 PE 线，阻燃成束燃烧型 D 类，穿 20mm 的 PVC 管，暗敷设在墙内。

## 2.3.3 如何看照明布置图

### 1. 识图信息

①照明的回路数量。

②每只回路上具体的灯具数量。

③每一盏灯具与开关的关系及连接方式。

### 2. 实例解读

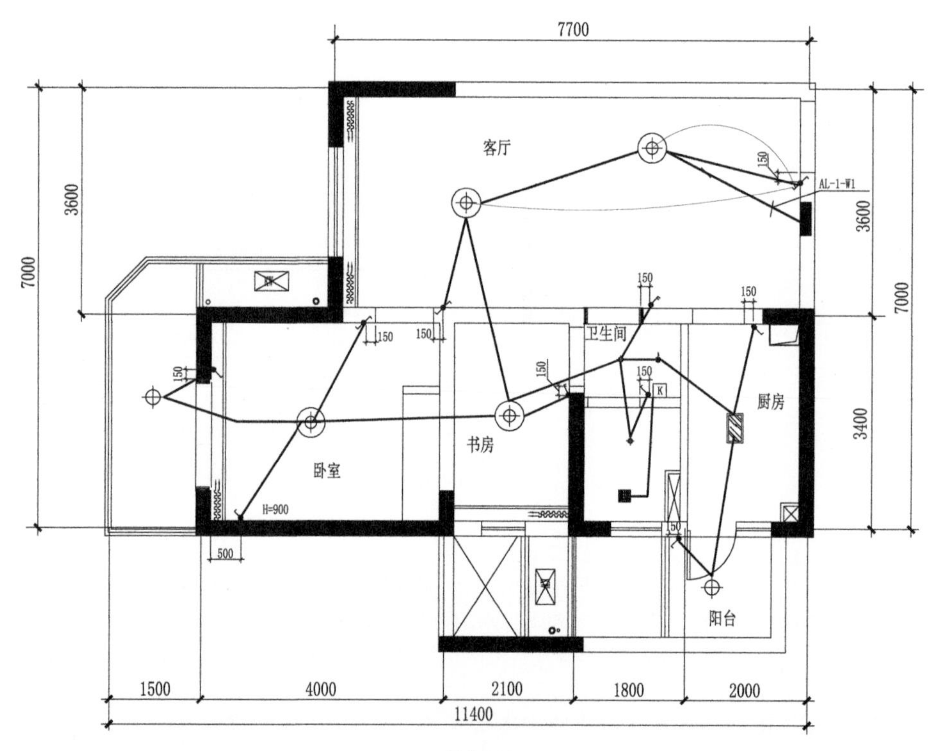


照明布置图

由上图可以看出：

a. 照明回路为 W1，共有一条。

b. 卧室和书房分别安装 1 个吊灯，客厅安装 2 个吊灯，阳台安装 1 个吸顶灯，厨房装 1 个嵌入式吸顶灯，卫生间装 1 个防水射灯和 1 个防水筒灯，卫生间装 1 个浴霸。

c. 控制各种灯的开关类型和距墙尺寸。

## 2.3.4 如何看强电插座布置图

### 1. 识图信息

①强电插座回路的数量。

②每个插座回路上的插座数量及种类。

③每个插座的安装位置及尺寸。

④插座电线的敷设方式及路径。

### 2. 实例解读

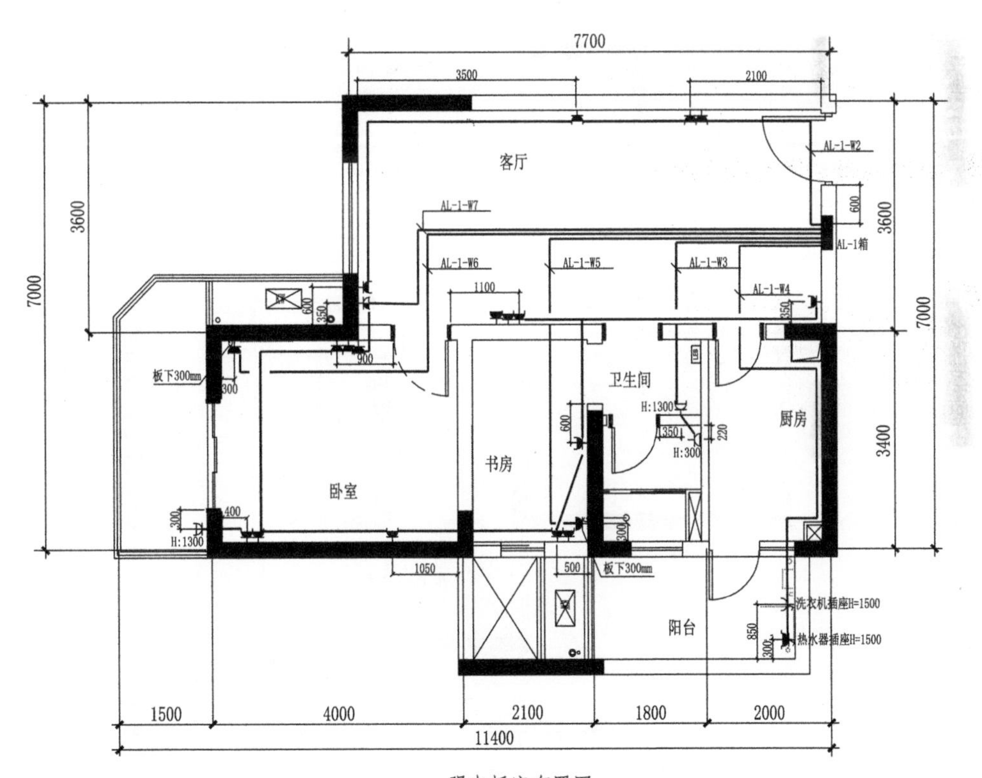


强电插座布置图

由上图可以看出：

a.W2 上接了大厅的 4 个五孔插座，W3 接了卫生间的 2 个防溅插座，W4 接了阳台的 1 个带开关插座和 1 个防溅带开关插座，W5 接了书房的 1 个空调挂机插座，W6 接了卧室的 1 个空调挂机插座，W7 接了客厅的 1 个空调柜式插座、卧室的 6 个五孔插座、室外的 1 个防溅插座，书房的 3 个五孔插座，客厅电视旁边的 3 个五孔插座，冰箱后的 1 个五孔插座。

b. 各个插座的距墙尺寸，线路敷设方式结合配电系统图看。

## 2.3.5 如何看弱电插座布置图

### 1. 识图信息

①各分支功能名称。

②各分支插座数量及种类。

### 2. 实例解读

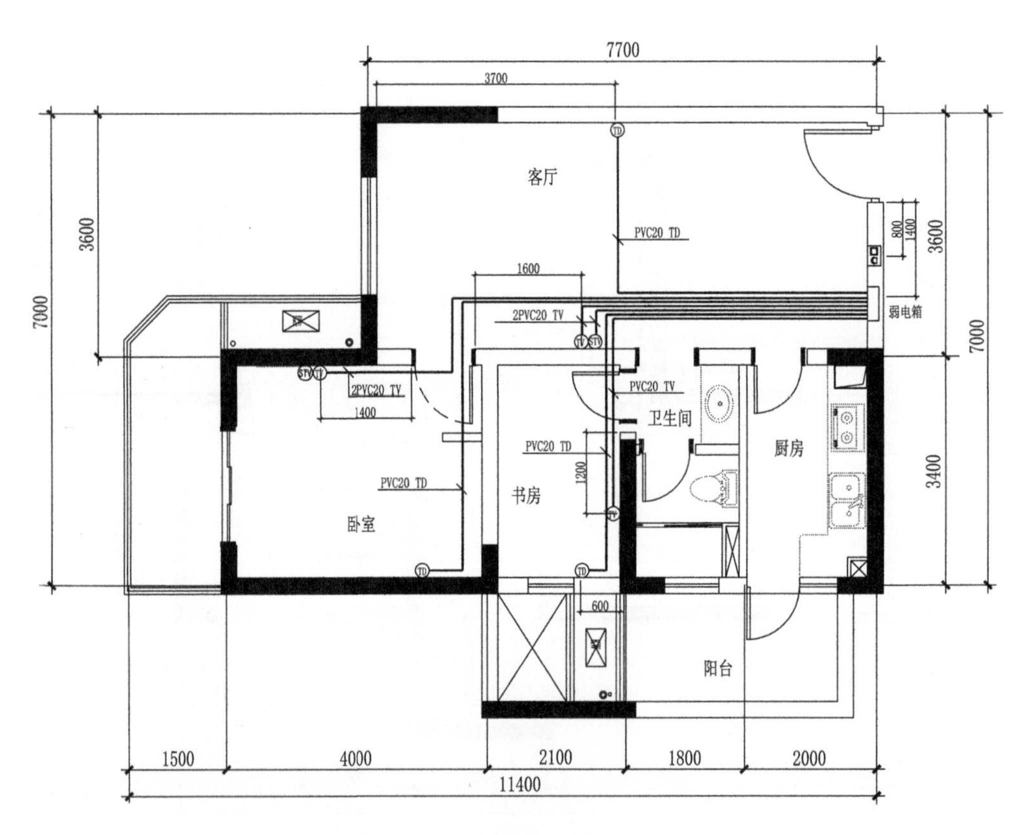


弱电插座布置图

由上图可以看出：

a. 弱电系统一共 7 个回路，各回路均是穿 20mm PVC 管。

b. 客厅有 1 个电话网络插座、1 个有线电视插座和 1 个卫星电视插座；卧室与客厅插座个数及类型一致；书房有 1 个电话网络插座、1 个有线电视插座。

# 第三章

# 水电设计要求及案例图解

# 3.1 厨房水电设计

厨房水电设计示意

## 3.1.1 设计要求

### 1. 水路安装位置及要求

①冷热水口：洗菜盆下方预留冷热水口，高度距离地面 200 ～ 400mm；

②燃气热水器冷热水口距离地面 1200 ～ 1500mm；

③洗衣机和洗碗机的冷水口一般安装在洗物柜中，高度距离地面 200 ～ 400mm，一般安装在洗碗机机体的左右两侧的地柜内。

④暖气：厨房中的暖气散热片高度选择 900mm 的为佳，可以节省空间。

### 2. 电路安装位置及要求

#### （1）照明

①开关：安装高度为距离地面 1300 ～ 1400mm。

②顶灯：减去吊柜的顶面尺寸，应安装在中央的位置上。如果房间形状不规则，可安装在相对中央的位置上。

③筒灯：根据厨房的大小安排，如果厨房为敞开式且面积很大，可以适当安装

少量筒灯。

④暗藏灯：建议安装在吊柜下方的操作区附近，起到局部照明作用，让烹饪操作看得更为清楚。

⑤射灯：不建议安装。

⑥台灯：不建议安装。

**（2）强电**

①插座：厨房电器较多，除了普通的三孔插座、五孔插座外，可安装适当数量的带开关插座，若洗衣机放在厨房还需要安装一个防溅水插座。

②空调：通常不建议安装。

**（3）弱电**

电视插座：不建议安装。

## 3.1.2 案例解析

本案例为方形厨房，烟道通常位于角落，燃气灶的位置应靠近烟道且避开窗的位置，将洗菜盆放在窗前，这样设计可避免阻挡视线。

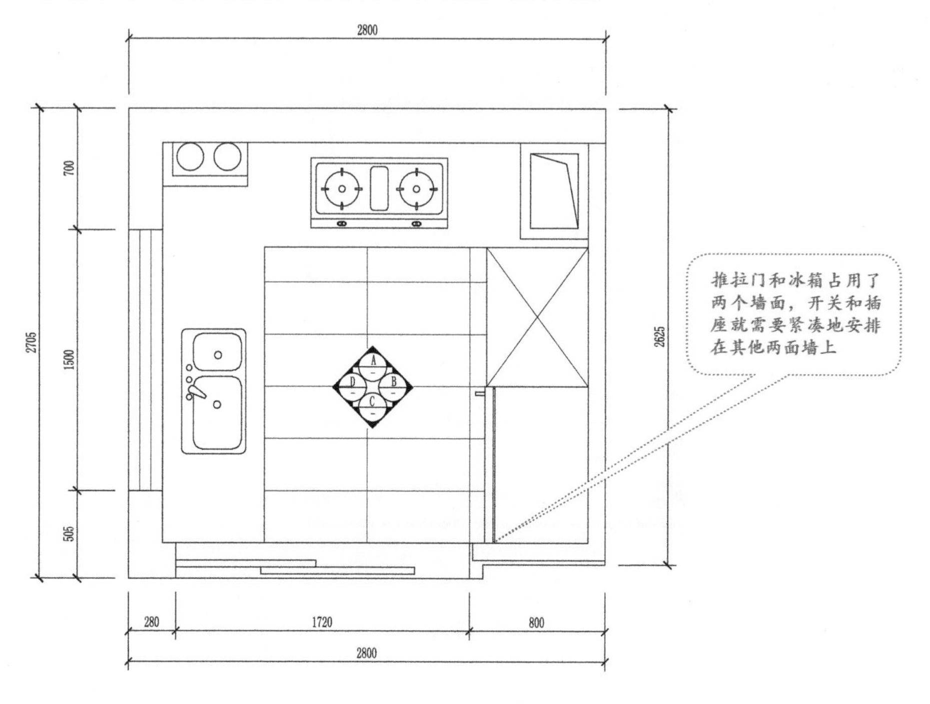


平面布置图

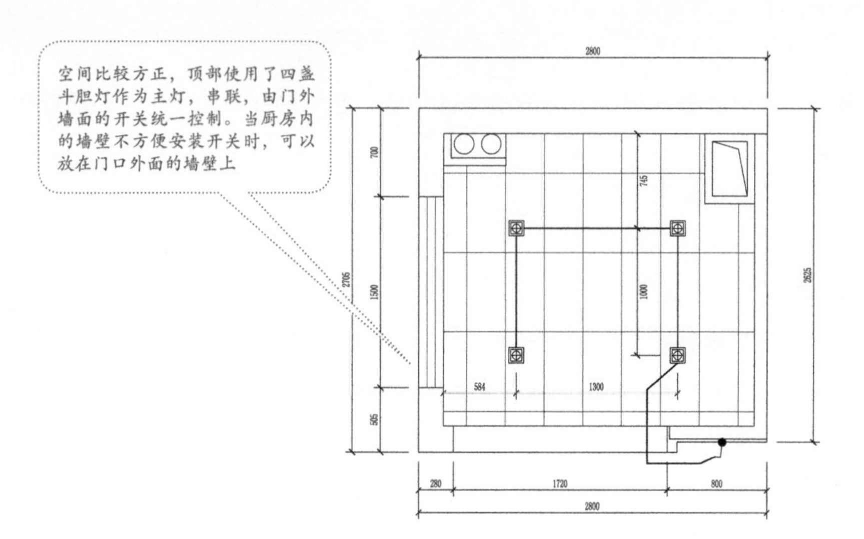
空间比较方正，顶部使用了四盏斗胆灯作为主灯，串联，由门外墙面的开关统一控制。当厨房内的墙壁不方便安装开关时，可以放在门口外面的墙壁上

灯具布置图

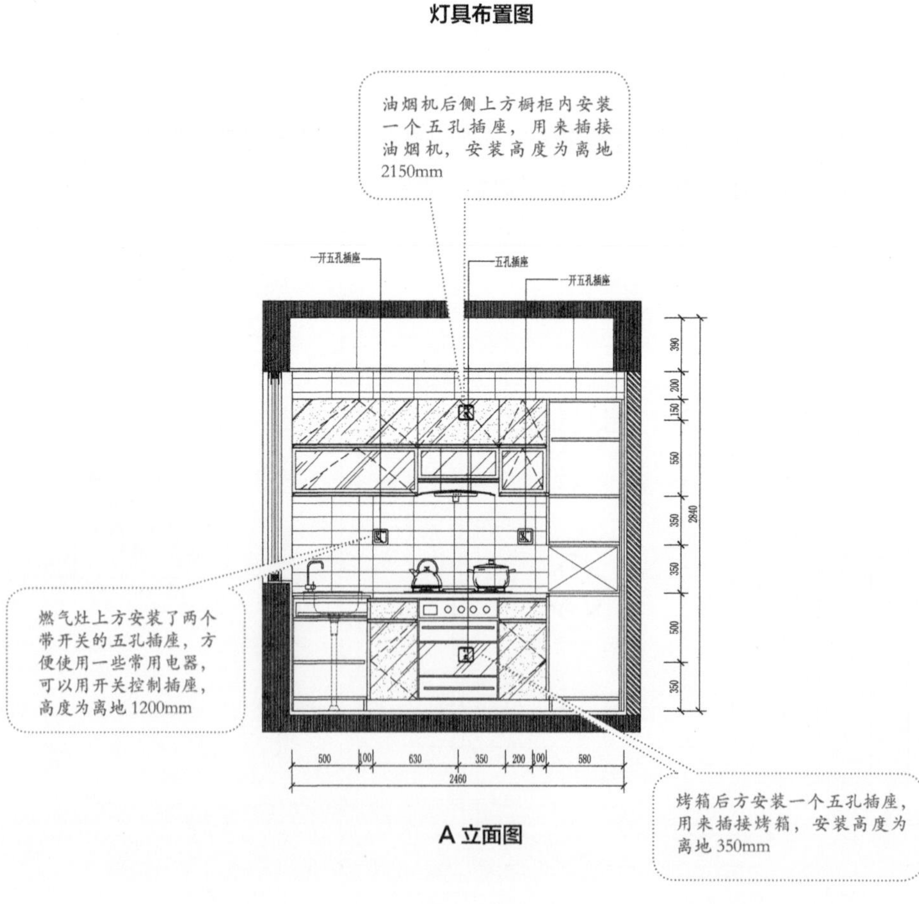
油烟机后侧上方橱柜内安装一个五孔插座，用来插接油烟机，安装高度为离地2150mm
一开五孔插座
五孔插座
一开五孔插座
燃气灶上方安装了两个带开关的五孔插座，方便使用一些常用电器，可以用开关控制插座，高度为离地1200mm
烤箱后方安装一个五孔插座，用来插接烤箱，安装高度为离地350mm

A立面图

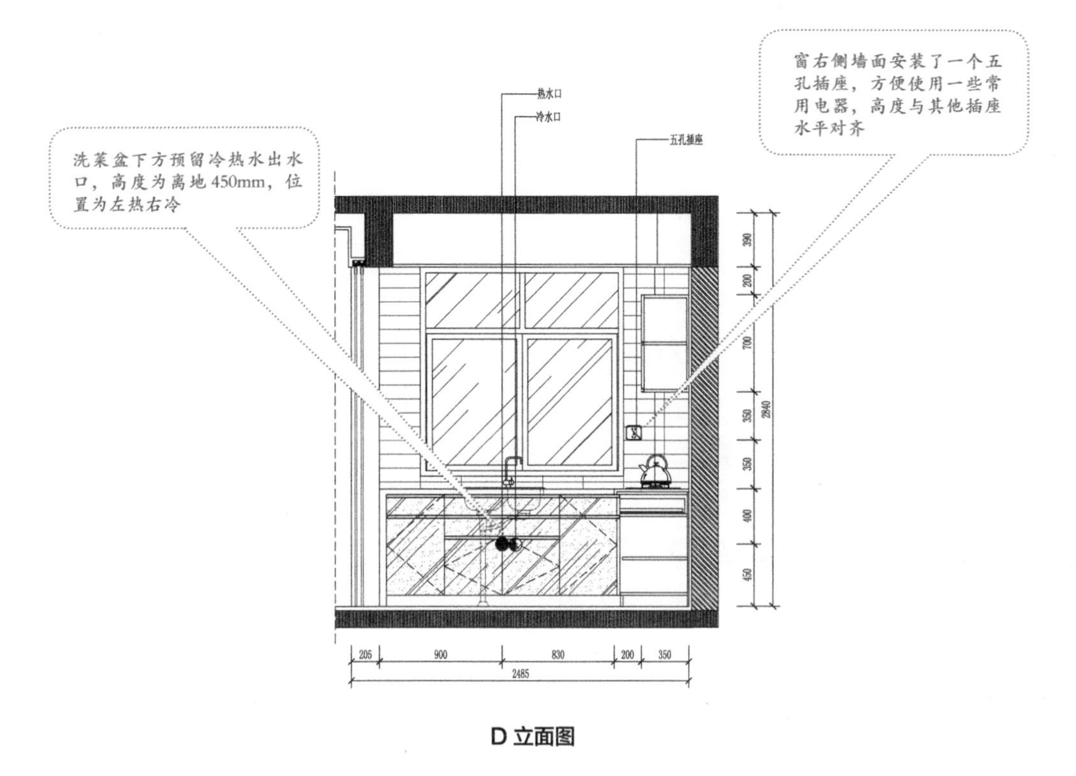


D 立面图

## 3.2 卫浴间水电设计

卫浴间水电设计示意

## 3.2.1 设计要求

### 1. 水路位置安装与要求

①坐便器和妇洗器：坐便器两侧预留冷水口和中水口，妇洗器预留冷水口和热水口，高度距离地面 300mm 左右。

②洗浴：普通花洒冷热水口距离地面 1000 ~ 1100mm；普通浴缸冷热水口距离地面 700 ~ 750mm；按摩浴缸冷热水口距离地面 150 ~ 300mm。

③洗面盆：冷热水口距离地面 500 ~ 550mm，位置为左热右冷。

④暖气：卫浴间的暖气散热片高度选择 600mm 为佳，也可以选择背篓式暖气片。

### 2. 电路安装位置及要求

#### （1）照明

①开关：安装高度为距离地面 1300 ~ 1400mm，安装在门开启的一侧。建议安装防溅水开关，防水盒选择深度较浅的款式。

②顶灯：应安装在顶面的中央位置上，如果房间形状不规则，可安装在相对中央的位置上。建议选择防水、防雾的灯具，通常安装一个，面积大可以安装两个，位置等分。浴霸安装在淋浴的后方位置上，顶灯、换气扇和浴霸分开控制。

③暗藏灯：根据浴柜的款式，上方如果为镜箱，且没有镜前灯，可以安装在镜箱下沿内，款式选择灯管。

④镜前灯：位置为浴室镜的上方正中央，镜前灯出线口距离地面为 2100 ~ 2250mm。

⑤射灯：可以安装在坐便器上方，作为装饰灯具或阅读照明，必须选择具有防水灯罩的款式。

⑥壁灯：可以安装在镜子两侧的墙面上，出线口距地面 2100mm 左右。

#### （2）强电

①插座：坐便器插座距离地面 300 ~ 350mm，要求带防水盒。吹风机等插座与开关高度平齐。

②空调：不建议安装。

**（3）弱电**

背景音乐：如需安装宜安装在墙面或者顶面，建议安装两个扬声器。

## 3.2.2 案例解析

本案例为长方形卫浴间，通常比较容易规划，首先确定是使用浴缸还是淋浴，淋浴可以根据空间面积选择做干湿分离，之后在其他位置上安排坐便器和洗面盆。

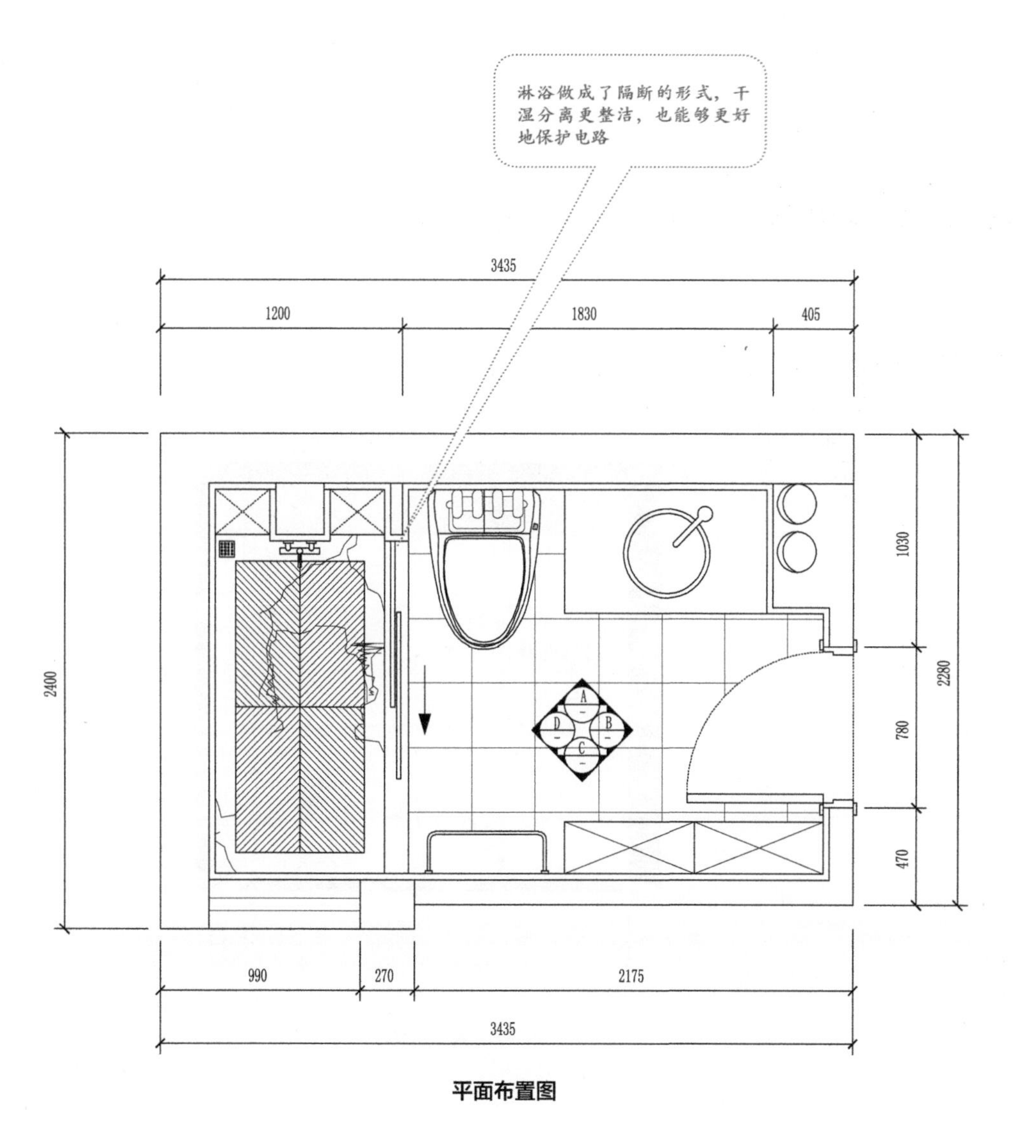


平面布置图

浴霸安装在了淋浴上方，排风扇安装在浴霸右侧，主灯使用防雾灯，安装在门口

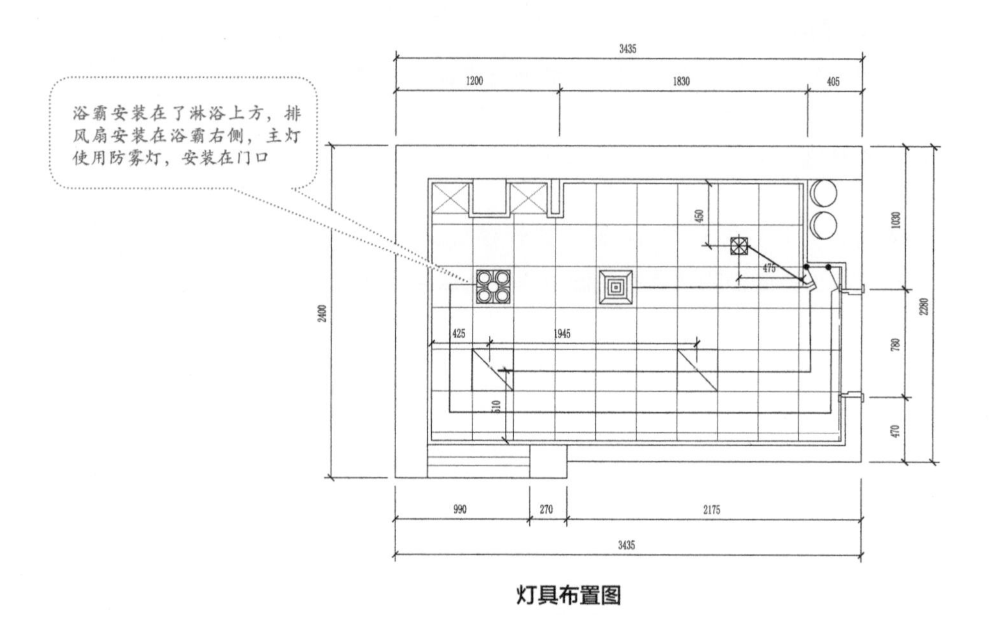


灯具布置图

安装花洒的位置上需要预留冷热水出水口，高度为离地1000mm，位置为左热右冷

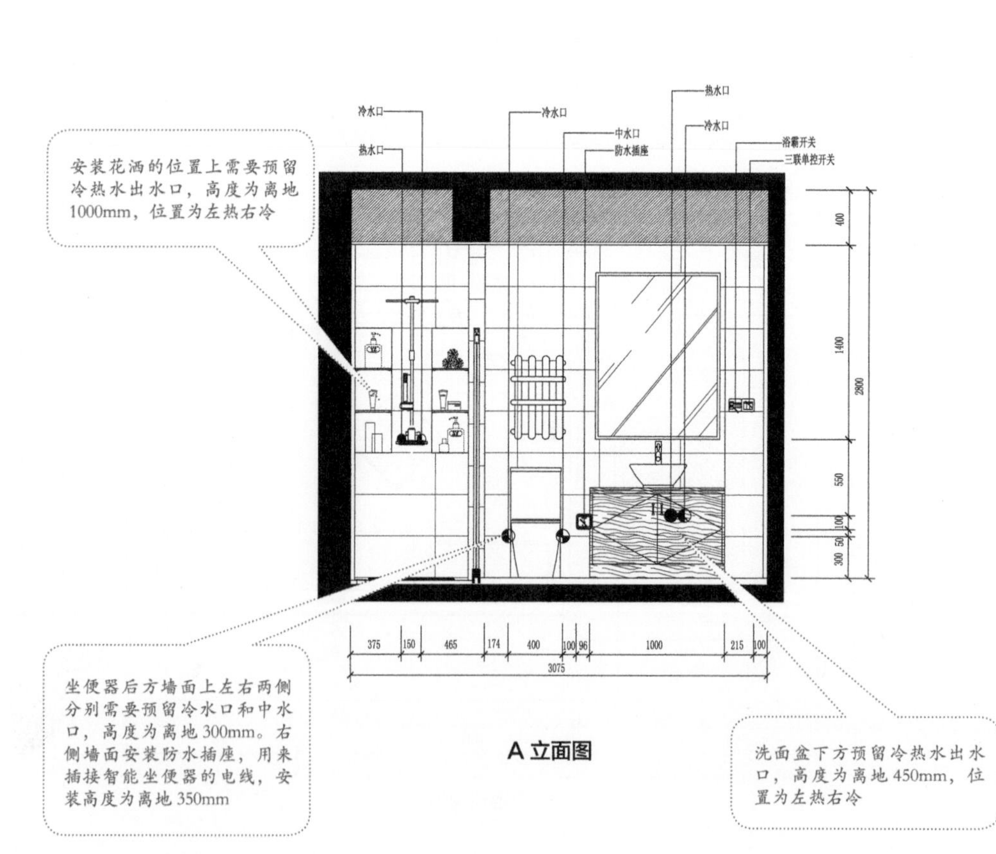


坐便器后方墙面上左右两侧分别需要预留冷水口和中水口，高度为离地300mm。右侧墙面安装防水插座，用来插接智能坐便器的电线，安装高度为离地350mm

A 立面图

洗面盆下方预留冷热水出水口，高度为离地450mm，位置为左热右冷

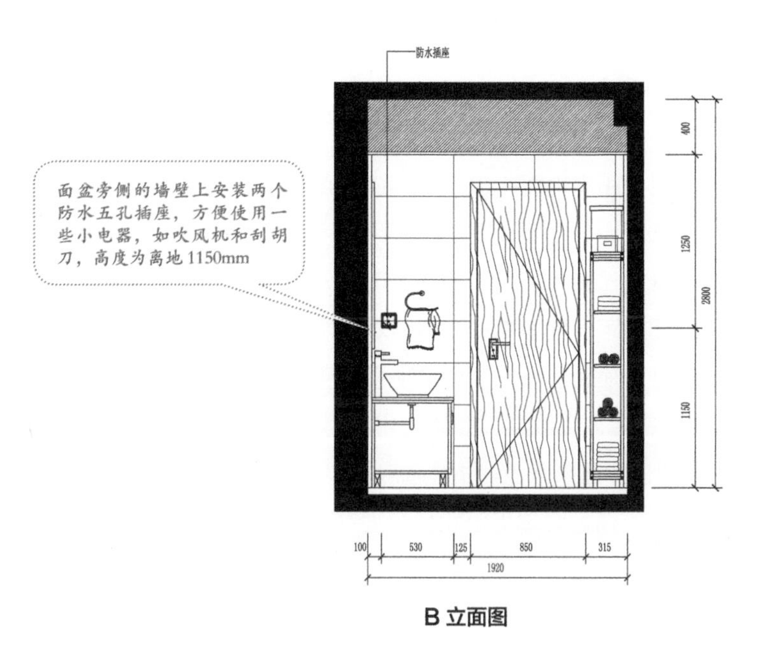


B 立面图

## 3.3 客厅电路设计

客厅电路设计示意

## 3.3.1 设计要求

### 1. 电路位置安装与要求

#### （1）照明

①开关：安装高度为距离地面 1200 ~ 1400mm。

②顶灯：吊灯或吸顶灯，吸顶灯紧挨吊顶，吊灯的适宜高度为灯的底沿距离地面 2200mm，如有特殊情况最低不能少于 1800mm。

③壁灯：安装高度为距离地面 1800mm 以上。

④筒灯：安装筒灯吊顶底边距离原建筑顶面需预留不少于 150mm 的高度。

⑤射灯：通常安装在墙面上做局部照明使用，位置根据需要烘托的主体具体确定。

⑥落地灯：便于阅读和渲染气氛，位置通常为沙发旁边，如果有卧榻或者休闲椅，可将落地灯放置在附近，落地灯罩下沿距离地面高度不应大于 1800mm。

⑦台灯：通常放置在沙发的两侧。

⑧暗藏灯：根据造型设计，可以安装在顶面上，也可以安装在墙面上，墙面上建议使用灯管。

#### （2）强电

①插座：安装高度距离地面 300 ~ 350mm。

②空调：挂式空调插座高度为距离地面 1800mm，柜式空调插座高度为距离地面 300mm。

#### （3）弱电

电视及网络插口：根据壁挂电视的底座位置确定插座的高度，通常安装在电视底座下沿上方 100mm 处，两种插座高度平齐。

### 2. 暖气位置安装与要求

暖气片的底沿距离地面 200mm 是最佳的安装高度，暖气片高度选择 1500 ~ 1800mm 为佳。

### 3. 空调孔位置及要求

空调孔不宜过大，挂式空调开孔直径 50mm，高度距离地面 2100mm 左右；柜式空调开孔直径 70mm，高度距离地面为 100mm 左右。

## 3.3.2 案例解析

本案例为新古典风格客厅，该风格客厅面积通常比较宽敞，灯具可以多元化一些，主灯可使用吊灯，除此之外，还可以适当搭配壁灯、台灯等。电视墙根据需要，除了电视、网络插口外，可以设计音响插口。

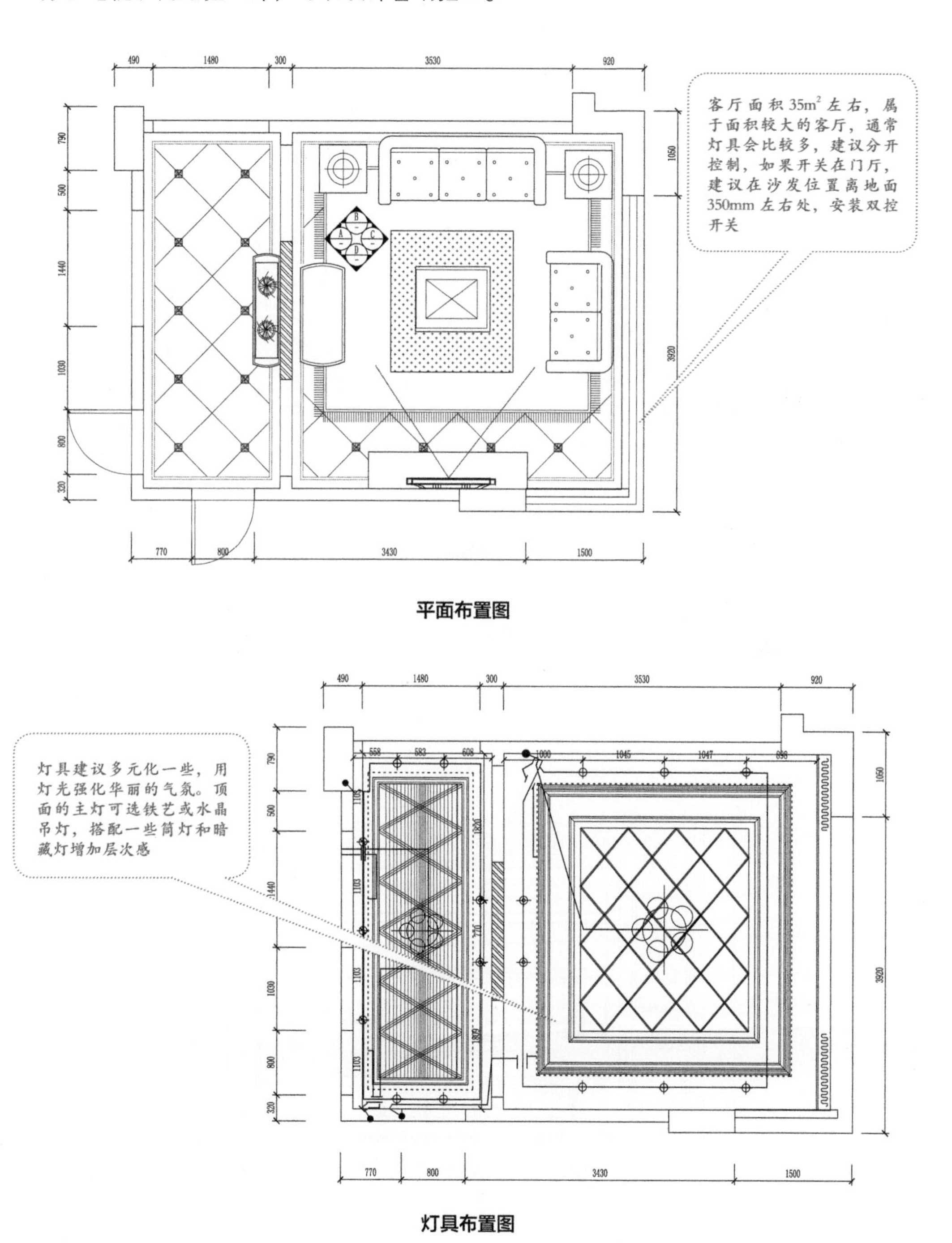


平面布置图

灯具布置图

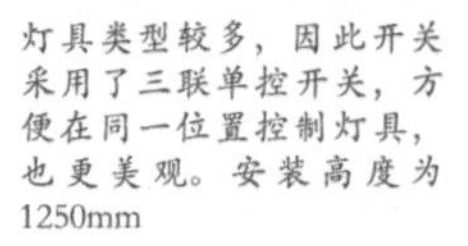


主沙发的两侧，在距离地面350mm高度安装插座，位置从正面看能够被单人沙发遮挡，材料可选择与墙面接近的颜色，避免过于显眼

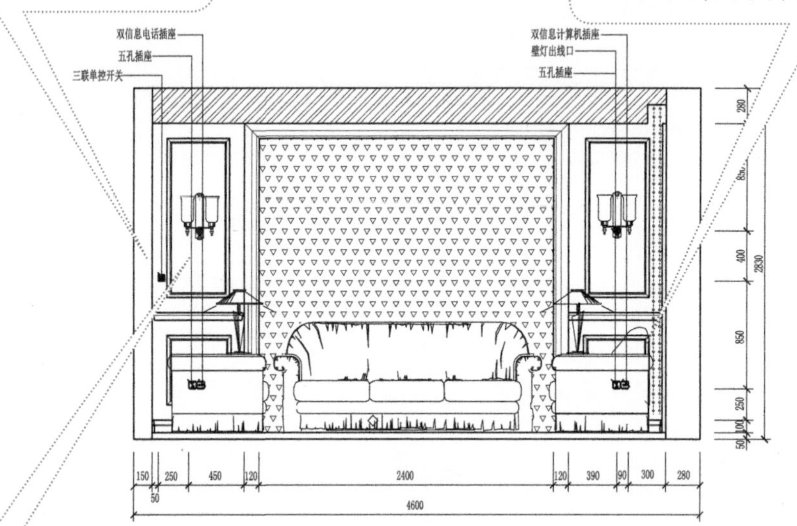


沙发两侧使用欧式壁灯和台灯，使灯光的层次更丰富

B 立面图

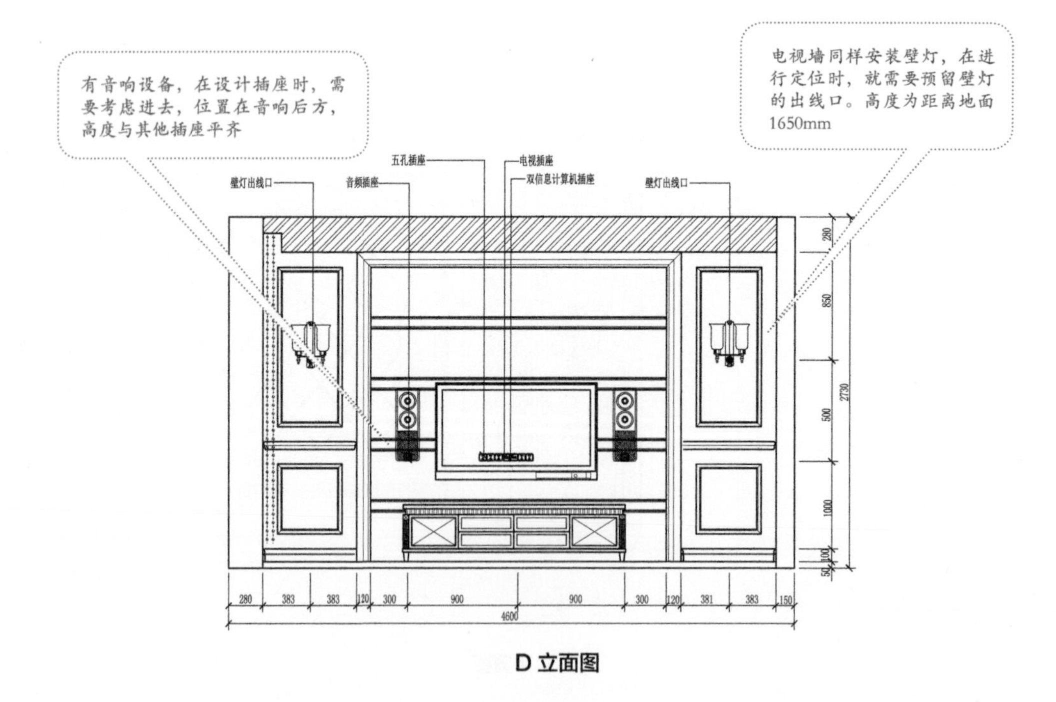


D 立面图

# 3.4 餐厅电路设计

餐厅电路设计示意

## 3.4.1 设计要求

### 1. 电路安装位置及要求

**（1）照明**

①开关：安装高度为距离地面 1200 ~ 1400mm。

②顶灯：餐厅多为吊灯或吸顶灯。吊灯的适宜高度为灯的底沿距离地面 2200mm，如有特殊情况最低不能少于 1800mm，位置为餐桌上方；吸顶灯高度根据吊顶高度制定。

③壁灯：安装高度为距离地面 1800mm 以上。

④筒灯：安装筒灯吊顶底边距离原建筑顶面需预留不少于 150mm 的高度。

⑤射灯：通常安装在墙面上做局部照明使用，位置根据需要烘托的主体而具体确定。

⑥台灯：如果面积很大，有几案设计，可以放在几案上作为装饰及烘托气氛使用。

⑦暗藏灯：通常安装在吊顶上，用来渲染气氛。

**（2）强电**

①插座：安装高度距离地面 300 ~ 350mm。

②空调：挂式空调插座高度为距离地面 1800mm，柜式空调插座高度为距离地面 300mm。

**（3）弱电**

电视和网络插口：根据壁挂电视的底座位置确定插座的高度，通常安装在电视底座下沿上方 100mm 处，两种插口的高度平齐。

### 2. 暖气安装位置及要求

暖气片的底沿距离地面 200mm 为最佳的安装高度，暖气片高度选择 1500 ~ 1800mm 为佳。

### 3. 空调孔位置及要求

空调孔不宜过大，餐厅多为挂式空调，开孔直径为 50mm，高度距离地面 2100mm 左右。空调孔应在刷墙漆之前打好。

## 3.4.2 案例解析

本案例为欧式风格餐厅，其墙面和地面的设计会复杂一些，灯具、开关等也应选择与主题风格相符的造型和颜色。餐桌的位置位于中央，灯具也跟随餐桌安装在顶面中央即可，开关、插座位置根据需要分配。

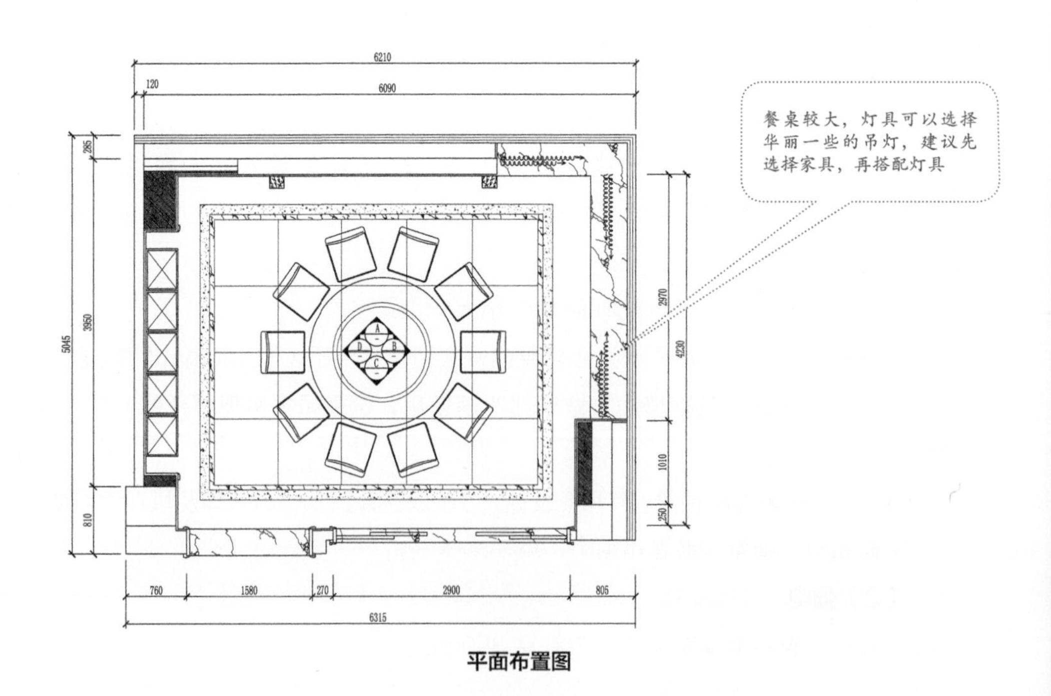


平面布置图

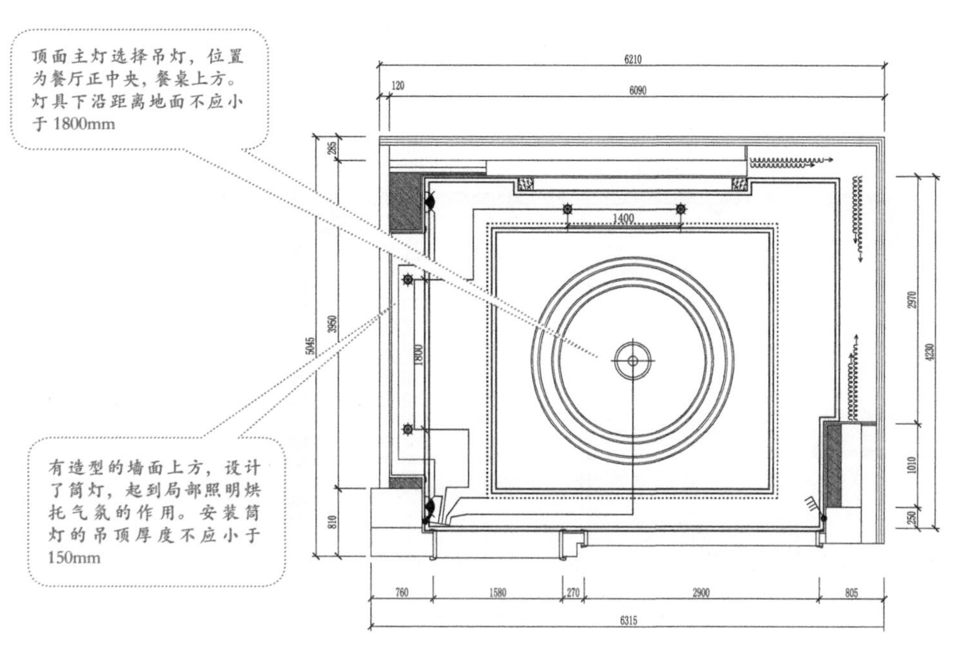
顶面主灯选择吊灯，位置为餐厅正中央，餐桌上方。灯具下沿距离地面不应小于1800mm
有造型的墙面上方，设计了筒灯，起到局部照明烘托气氛的作用。安装筒灯的吊顶厚度不应小于150mm
6210
120
6090
1400
1800
5045
3950
810
285
2970
4230
1010
250
760
1580
270
2900
805
6315

灯具布置图

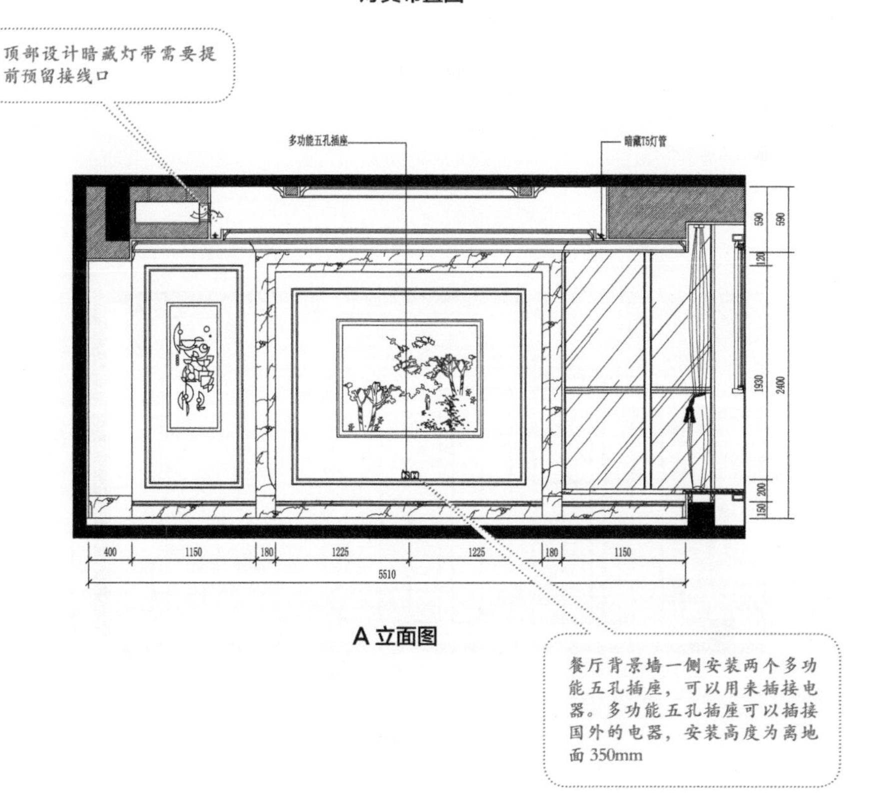
顶部设计暗藏灯带需要提前预留接线口
多功能五孔插座
暗藏T5灯管
餐厅背景墙一侧安装两个多功能五孔插座，可以用来插接电器。多功能五孔插座可以插接国外的电器，安装高度为离地面350mm
590
590
120
1930
2400
200
150
400
1150
180
1225
1225
180
1150
5510

A立面图

图解



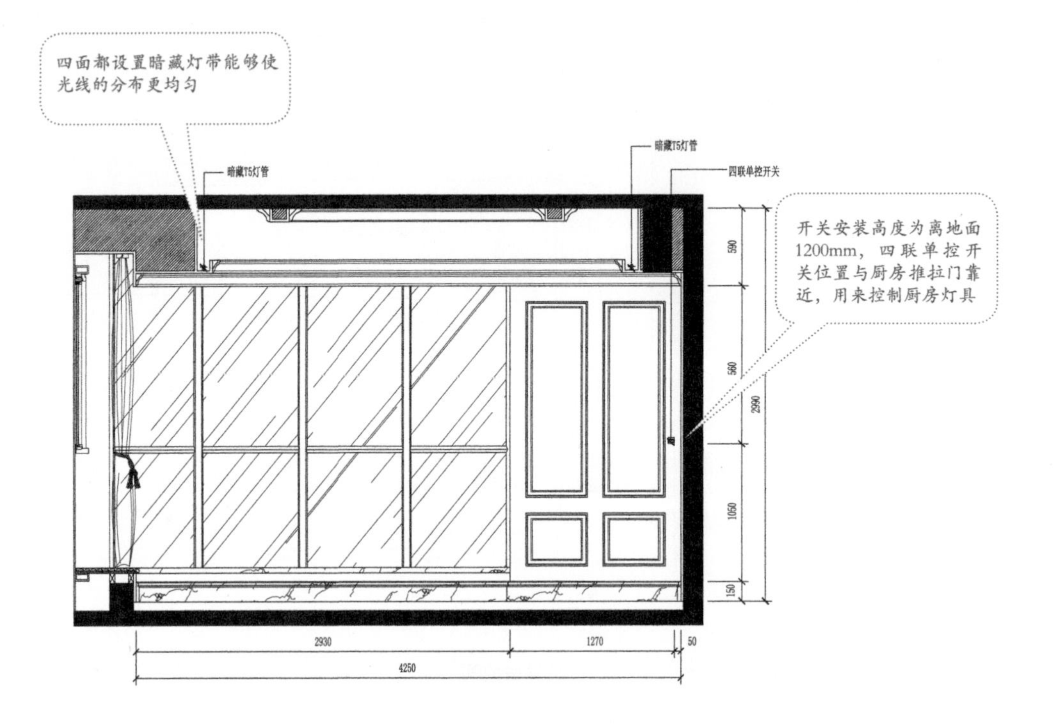
四面都设置暗藏灯带能够使光线的分布更均匀
暗藏T5灯管
暗藏T5灯管
四联单控开关
开关安装高度为离地面1200mm，四联单控开关位置与厨房推拉门靠近，用来控制厨房灯具
590
560
1050
150
2990
2930
1270
50
4250

B 立面图

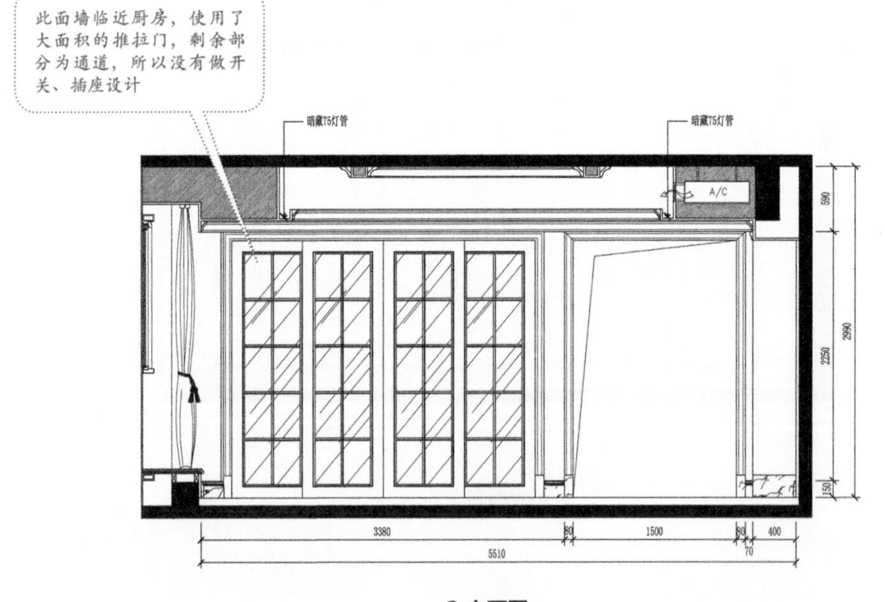
此面墙临近厨房，使用了大面积的推拉门，剩余部分为通道，所以没有做开关、插座设计
暗藏T5灯管
暗藏T5灯管
A/C
590
2250
150
2990
3380
80
1500
80
400
70
5510

C 立面图

开关安装高度为离地面1200mm，选择三联的形式，可以在同一位置完成餐厅内所有灯具的控制

墙面安装壁灯，需要提前预留出线口，高度为离地面1600mm，左右位置对称，水平高度应一致

三联单控开关
五孔插座
暗藏T5灯管
壁灯出线口

590
1000
2990
1250
200
150

320 295 295 80 200 2710 80 295 295
4570

D 立面图

## 3.5 卧室电路设计

卧室电路设计示意

## 3.5.1 设计要求

### 1. 电路安装位置及要求

#### （1）照明

①开关：安装高度为距离地面 1200 ～ 1400mm。

②顶灯：主灯为吊灯或吸顶灯，如果面积小也可以不使用主灯。吊灯的适宜高度为灯的底沿距离地面 2200mm，如有特殊情况最低不能少于 1800mm。吸顶灯根据顶面高度确定。

③壁灯：适宜安装位置为床的左右两侧，安装高度为距离地面 1800mm 以上。

④筒灯：安装筒灯吊顶底边距离原建筑顶面需预留不少于 150mm 的高度，数量根据面积确定。如果卧室面积小且有吊顶，可以将筒灯作为主光源使用。

⑤射灯：通常安装在墙面上做局部照明使用，位置根据需要烘托的主体而具体确定。

⑥落地灯：如果有卧榻或者休闲椅，可将落地灯放置在附近 ，落地灯灯罩下沿距离地面高度不应大于 1800mm。

⑦台灯：通常放置在床的两侧床头柜上。

⑧暗藏灯：根据造型设计，可以安装在顶面上，也可以安装在墙面上，墙面上建议使用灯管。

#### （2）强电

①插座：安装高度距离地面 300 ～ 350mm。

②空调：挂式空调插座高度为距离地面 1800mm。

#### （3）弱电

①电视插口：根据壁挂电视的底座位置确定插座的高度，通常安装在电视底座下沿上方 100mm 处。

②网络和电话插口：建议安装在床头两侧，与床头开关平齐。

### 2. 暖气安装位置及要求

暖气片的底沿距离地面 200mm 是最佳的安装高度，暖气片高度选择 1500 ～ 1800mm 为佳。

### 3. 空调孔位置及要求

空调孔不宜过大，卧室多为挂式空调，开孔直径为 50mm，高度距离地面 2100mm 左右；空调孔应在刷墙漆之前打好。

## 3.5.2 案例解析

本案例为较宽敞的卧室，其使用的灯具类型会多一些，要安排好开关的位置及数量，可以多预留一些插座作为备用，插座形式可以多样化一些，如多功能的五孔插座或者带开关的插座。

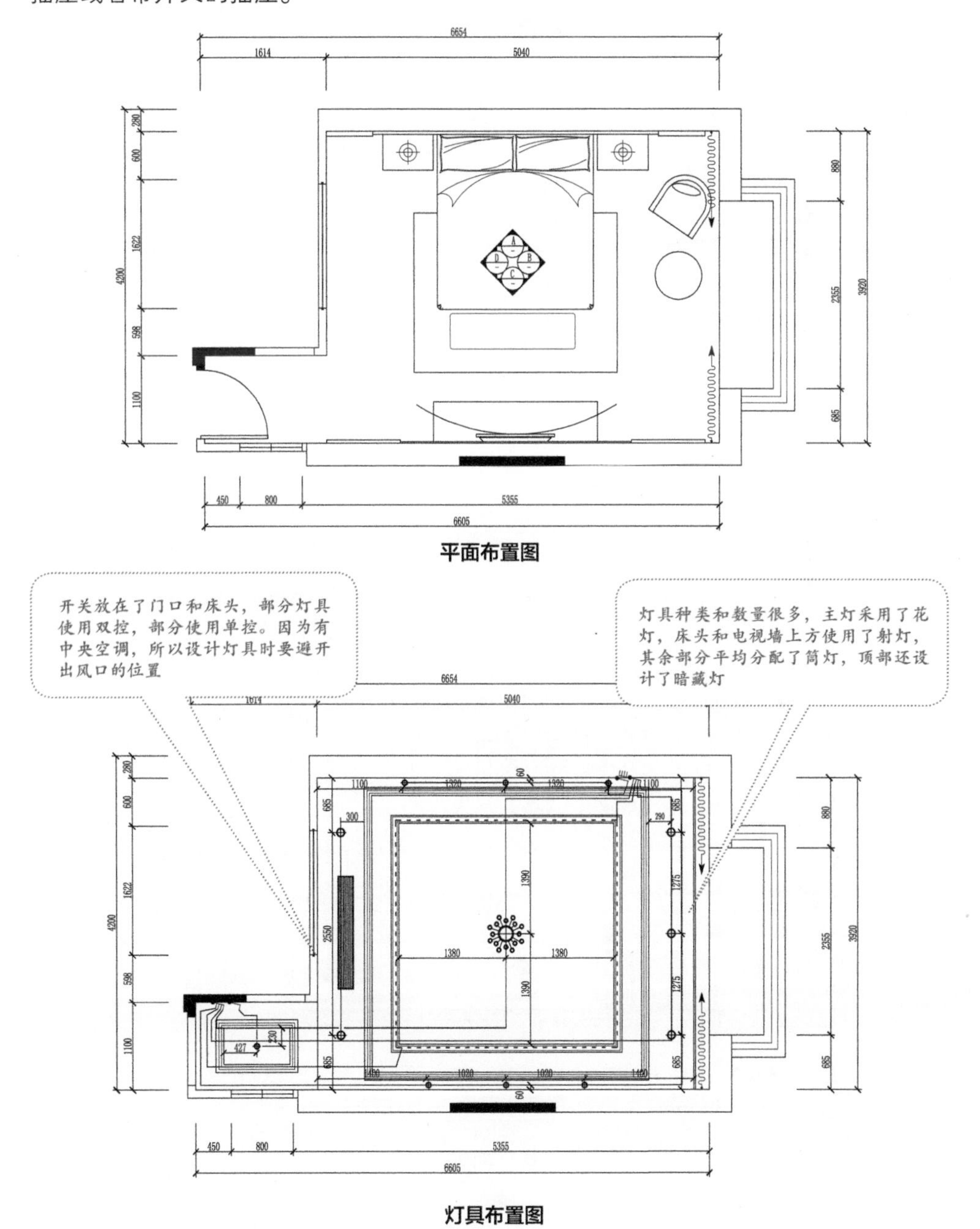


平面布置图

灯具布置图

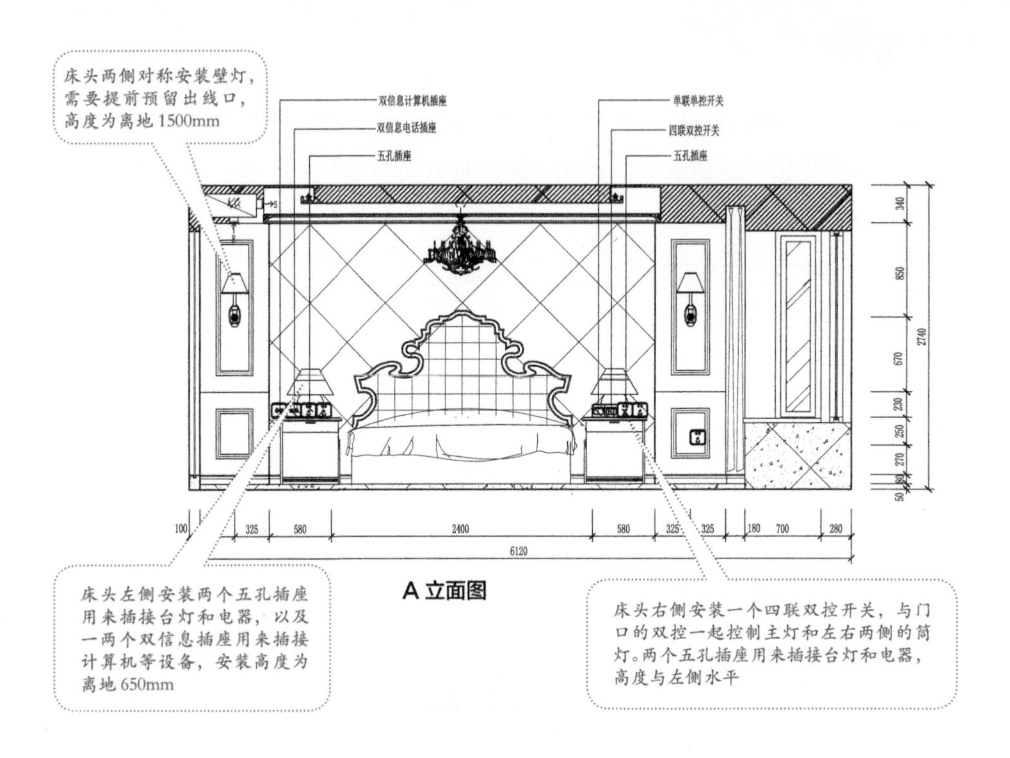
床头两侧对称安装壁灯，需要提前预留出线口，高度为离地1500mm
双信息计算机插座
双信息电话插座
五孔插座
单联单控开关
四联双控开关
五孔插座
340
850
670
230
250
270
80
50
2740
100
325
580
2400
580
325
325
180
700
280
6120
床头左侧安装两个五孔插座用来插接台灯和电器，以及一两个双信息插座用来插接计算机等设备，安装高度为离地650mm
床头右侧安装一个四联双控开关，与门口的双控一起控制主灯和左右两侧的筒灯。两个五孔插座用来插接台灯和电器，高度与左侧水平

A 立面图

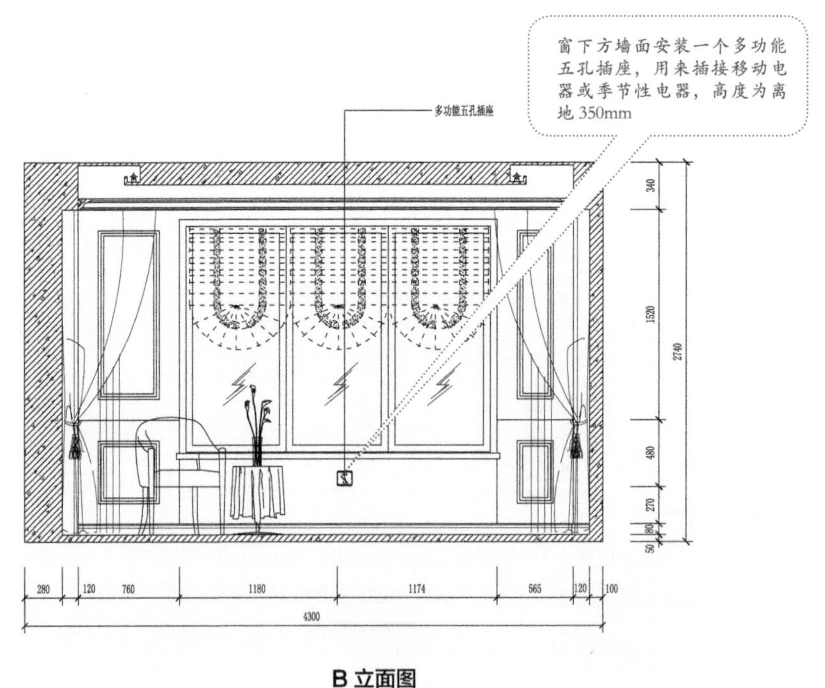
窗下方墙面安装一个多功能五孔插座，用来插接移动电器或季节性电器，高度为离地350mm
多功能五孔插座
340
1520
2740
480
270
80
50
280
120
760
1180
1174
565
120
100
4300

B 立面图

电视墙两侧对称安装壁灯，需要提前预留出线口，高度为离地1600mm

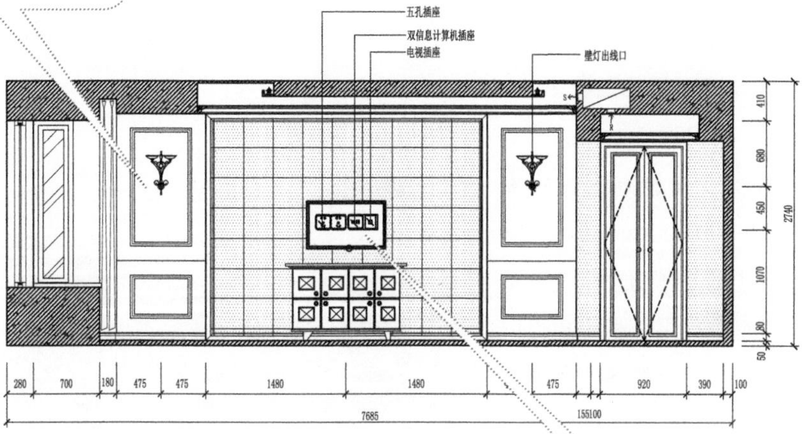

五孔插座
双信息计算机插座
电视插座
壁灯出线口

壁挂电视后方安装五孔电视插座以及信息插座，高度为离地1150mm

C 立面图

此墙面门和玻璃占据大部分空间，所以并没有做任何电路设计

顶部暗藏灯带由床头和门口的双控开关一起控制

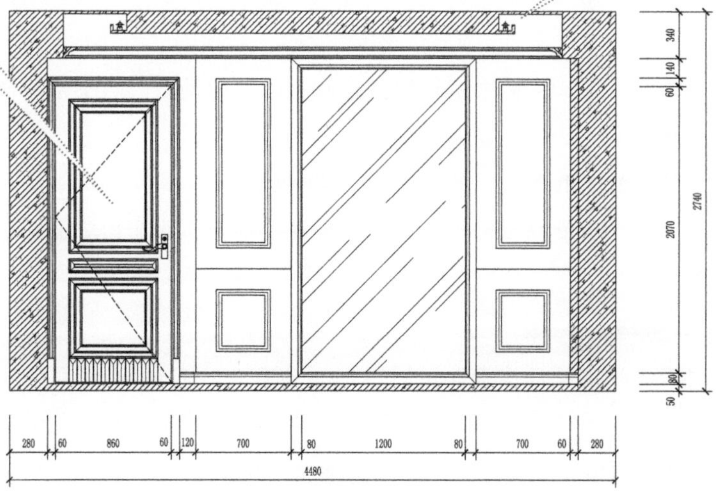

D 立面图

# 3.6 书房电路设计

## 3.6.1 设计要求

书房电路设计示意

### 1. 电路安装位置及要求

#### （1）照明

①开关：安装高度为距离地面 1200 ~ 1400mm。

②顶灯：主灯建议选择吊灯或吸顶灯，如果面积小也可以不使用主灯。吊灯的适宜高度为灯的底沿距离地面 2200mm，如有特殊情况最低不能少于 1800mm。吸顶灯根据顶面高度确定。

③壁灯：如果书房面积很大，可以与造型结合安装，安装高度为距离地面 1800mm 以上。

④筒灯：安装筒灯吊顶底边距离原建筑顶面需预留不少于 150mm 的高度，数量根据面积确定，如果书房面积小且有吊顶，可以将筒灯作为主光源使用。

⑤射灯：通常安装在墙面上做局部照明使用，位置根据需要烘托的主体而具体确定。

⑥落地灯：面积大的书房可以放在阅读区，落地灯灯罩下沿距离地面高度不应大于 1800mm。

⑦台灯：放在书桌上，建议选择专用的阅读台灯。

⑧暗藏灯：根据造型设计，可以安装在顶面上，也可以安装在墙面上，墙面上建议使用灯管。

#### （2）强电

①插座：墙面插座安装高度距离地面 300 ~ 350mm，还可使用地面插座，位置放在书桌附近。

②空调：挂式空调插座高度为距离地面 1800mm。

**（3）弱电**

网络和电话插座：安装在书桌附近，墙面插座低插高度距离地面300 ~ 350mm，高插距离地面1100mm左右，两种插座高度平齐，还可以使用地面插座。

**2. 暖气安装位置及要求**

暖气片的底沿距离地面200mm是最佳的安装高度，散热片高度选择1500 ~ 1800mm为佳。

**3. 空调孔位置及要求**

空调孔不宜过大，书房多为挂式空调，开孔直径为50mm，高度距离地面2100mm左右；空调孔应在刷墙漆之前打好。

## 3.6.2 案例解析

本案例为小面积书房，由于面积小，其插座的位置应集中一些，跟随书桌的位置安排。书桌靠墙摆放，插座可安排为低插放在紧挨的墙面上，开关可放在门口，方便操作。

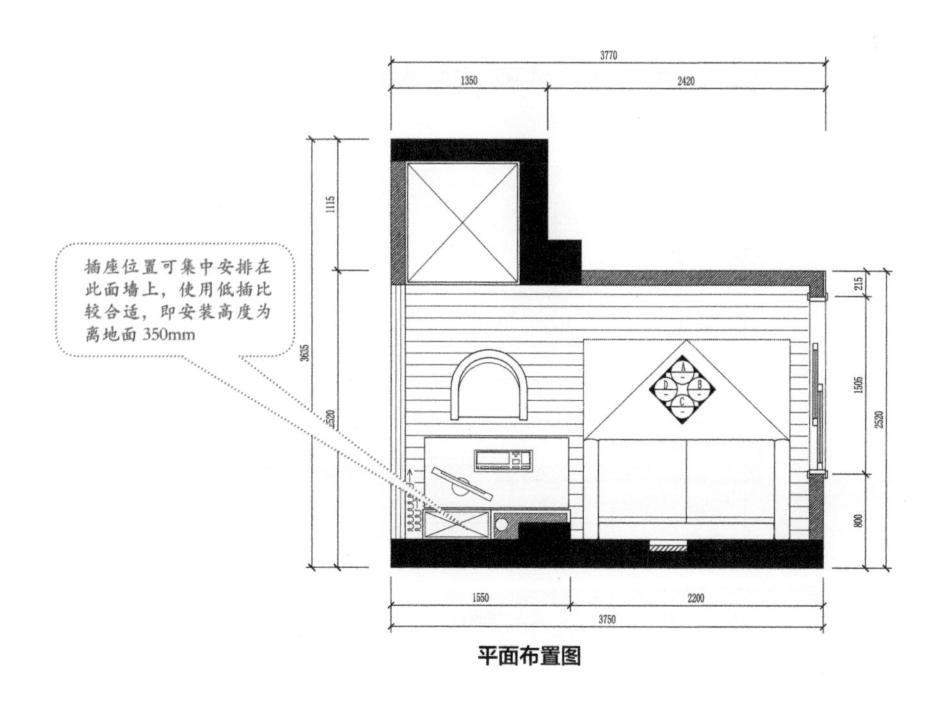


平面布置图

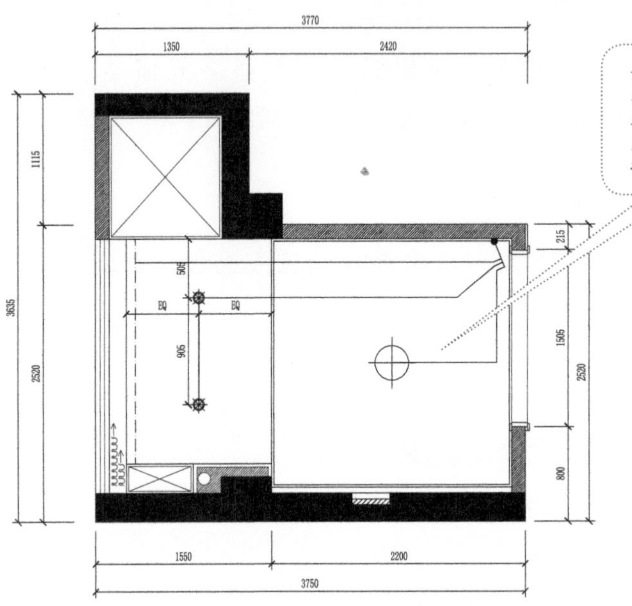


顶面造型分成了两大块区域，书桌上方使用两个小吊灯及单侧暗藏灯带，沙发上方使用吸顶灯，都由门口的开关控制

灯具布置图

暗藏灯带由门口的开关控制，预计安装灯带需要在定位时就确定位置，并预留接线口

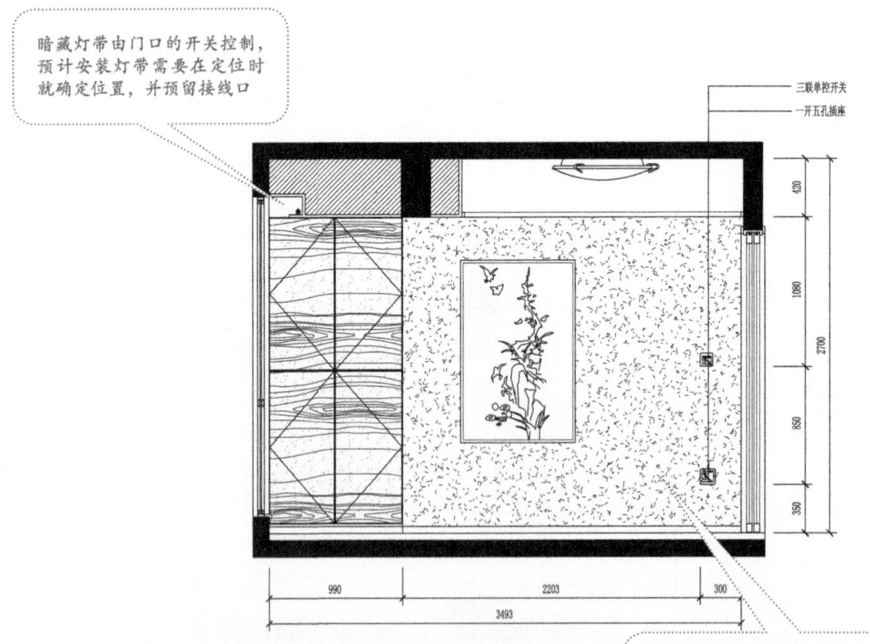


门的右侧墙面安装开关控制室内灯具，高度为离地面1200mm，下方垂直位置安装一个带开关的五孔插座，用来插接季节性或移动电器，高度为离地面350mm

A 立面图

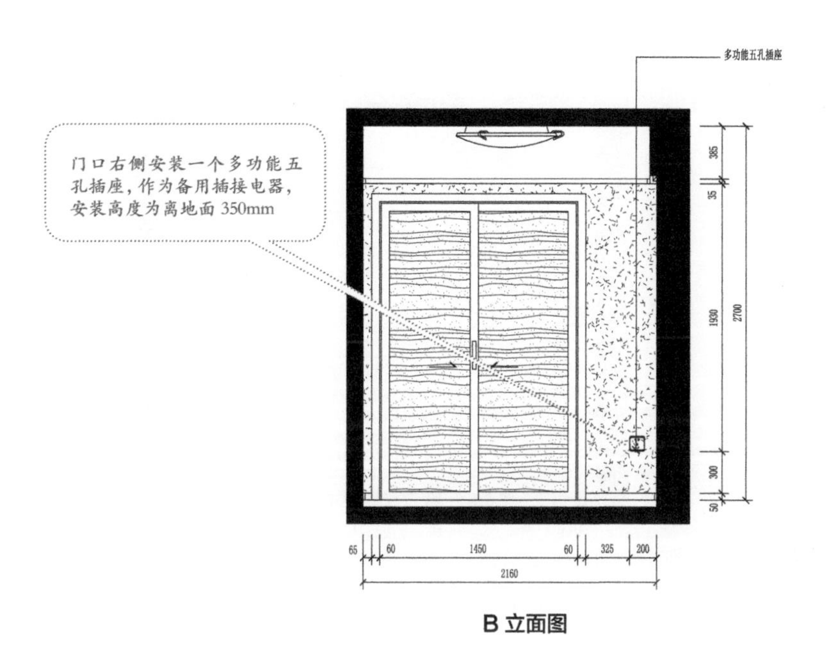
多功能五孔插座
门口右侧安装一个多功能五孔插座，作为备用插接电器，安装高度为离地面350mm
385
35
1930
2700
300
50
65
60
1450
60
325
200
2160

B 立面图

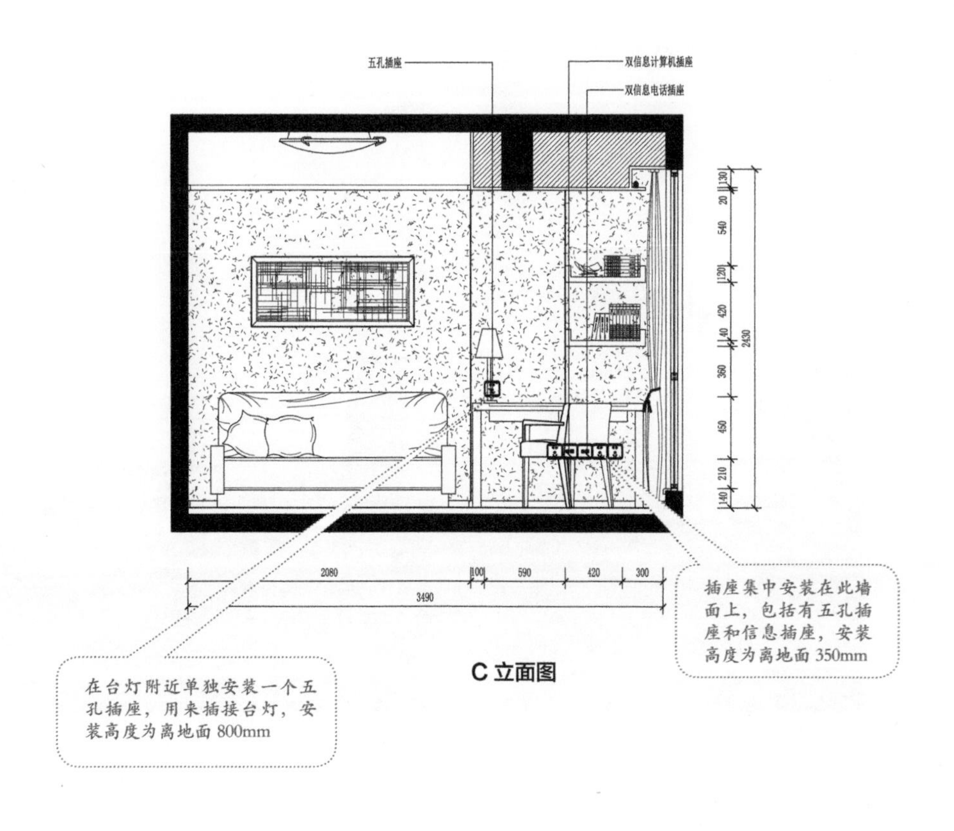
五孔插座
双信息计算机插座
双信息电话插座
130
20
540
120
420
40
360
450
210
140
2430
2080
100
590
420
300
3490
插座集中安装在此墙面上，包括有五孔插座和信息插座，安装高度为离地面350mm
在台灯附近单独安装一个五孔插座，用来插接台灯，安装高度为离地面800mm

C 立面图

墙面为大面积落地窗，且被柜子占用了部分空间，所以此面墙并没有做任何电路设计

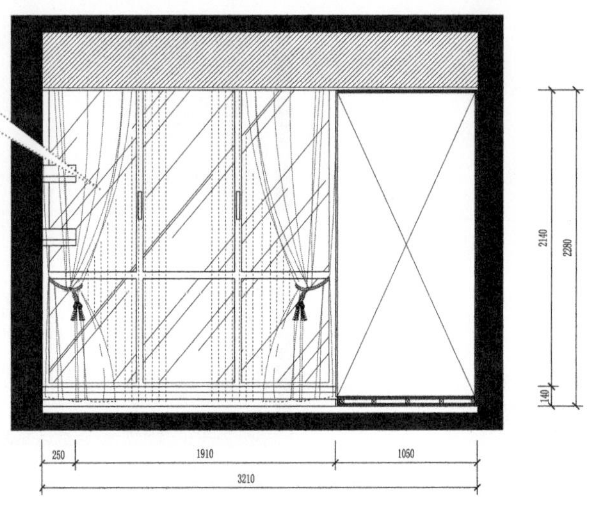


D 立面图

## 3.7 门厅电路设计

门厅电路设计示意

## 3.7.1 设计要求

### 1. 电路安装位置及要求

**（1）照明**

①开关：安装高度为距离地面 1200 ~ 1400mm。

②顶灯：主灯建议选择吸顶灯，如果面积小也可以不使用主灯。吸顶灯根据顶面高度确定。

③壁灯：可以与墙面造型结合安装，安装高度为距离地面 1800mm 以上。

④筒灯：安装筒灯吊顶底边距离原建筑顶面需预留不少于 150mm 的高度，数量根据面积确定，可以将筒灯作为主光源使用。

⑤射灯：通常安装在墙面上做局部照明使用，位置根据需要烘托的主体而具体确定。

⑥落地灯：不建议使用。

⑦台灯：如果设置有几案，可以放在几案上作为装饰及渲染气氛。

⑧暗藏灯：根据造型设计，可以安装在顶面上，也可以安装在墙面上，墙面上建议使用灯管。

**（2）强电**

①插座：结合需求，如果没有装饰性的台灯不需要安装插座，如安装插座，墙面插座安装高度距离地面 300 ~ 350mm。

②空调：无须安装。

**（3）弱电**

网络和电话插座无须安装。

### 2. 暖气安装位置及要求

暖气无须安装。

## 3.7.2 案例解析

本案例为带休息区的门厅，其面积通常比较宽敞，功能也比较多，在进行电路定位时，需要策划好家具的摆放形式，而后根据情况安排开关的位置，休息区很可能会需要插座，可根据需要安排。

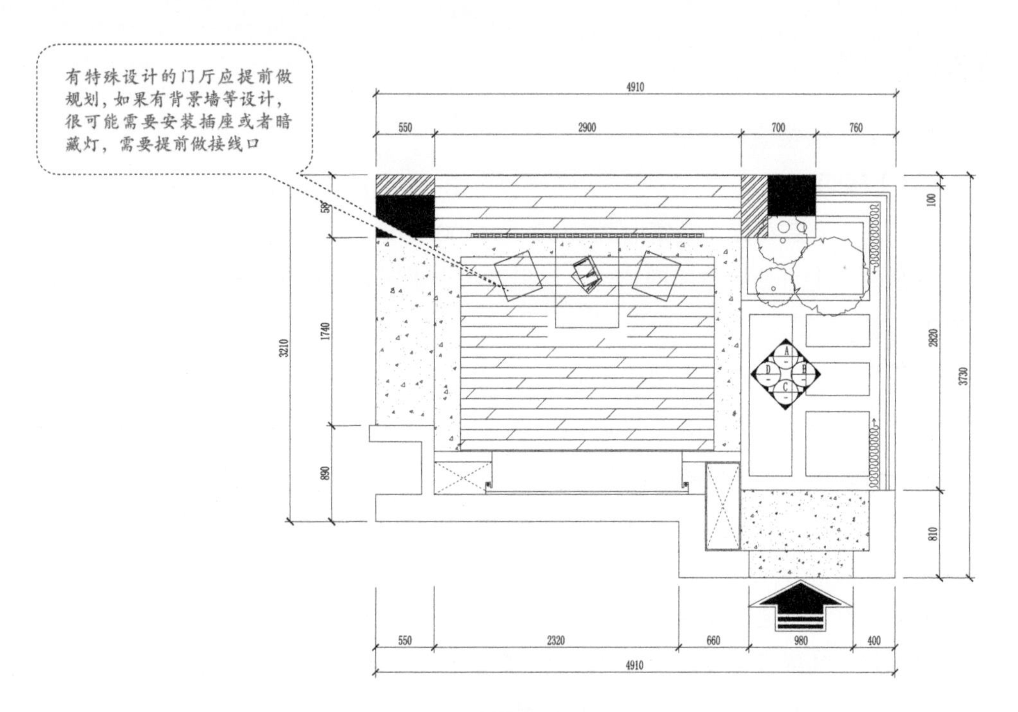
有特殊设计的门厅应提前做规划，如果有背景墙等设计，很可能需要安装插座或者暗藏灯，需要提前做接线口
4910
550
2900
700
760
3210
1740
890
100
2820
3730
810
2320
660
980
400

平面布置图

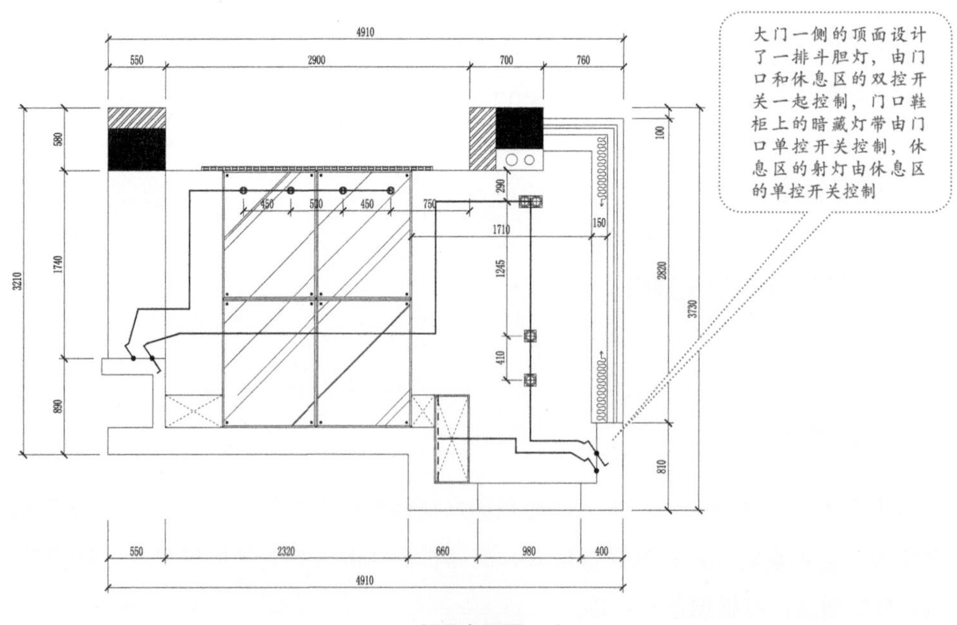
大门一侧的顶面设计了一排斗胆灯，由门口和休息区的双控开关一起控制，门口鞋柜上的暗藏灯带由门口单控开关控制，休息区的射灯由休息区的单控开关控制
4910
550
2900
700
760
580
3210
1740
890
450
530
450
750
290
1710
150
1245
410
100
2820
3730
810
2320
660
980
400

灯具布置图

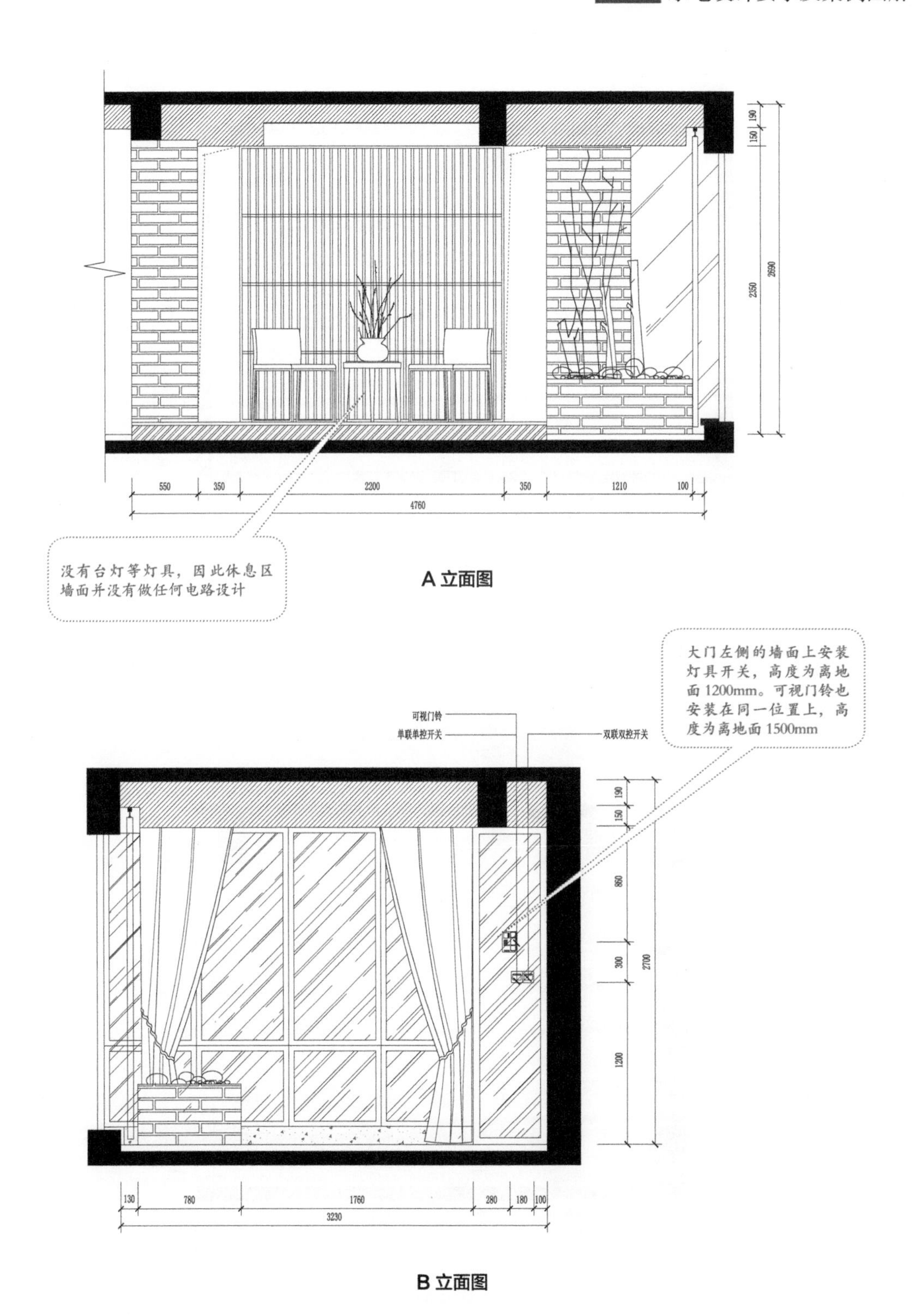
550
350
2200
350
1210
100
4760
190
150
2350
2690
没有台灯等灯具，因此休息区墙面并没有做任何电路设计
可视门铃
单联单控开关
双联双控开关
大门左侧的墙面上安装灯具开关，高度为离地面1200mm。可视门铃也安装在同一位置上，高度为离地面1500mm
860
300
1200
2700
130
780
1760
280
180
100
3230

A 立面图

B 立面图

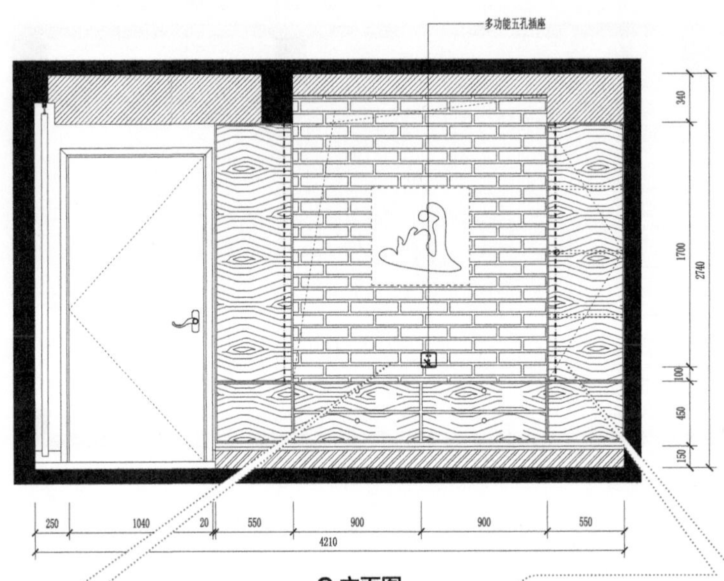


C 立面图

大门一侧的墙面上安装了一个多功能五孔插座，作为备用，可插接吸尘器等移动电器，安装高度为离地面700mm

装饰柜两侧安装了暗藏灯带，由休息区的开关控制，此为特殊设计，需要提前预留接线口

鞋柜吊柜下方设置了暗藏灯带，由休息区的开关控制，此为特殊设计，需要提前预留接线口

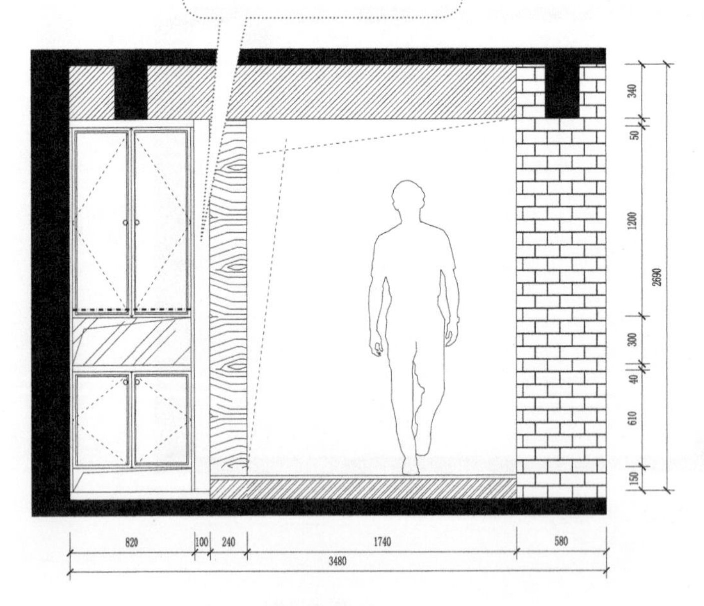


D 立面图

# 第四章

# 水路改造必备技能

## 4.1 水路管道施工工艺流程

水路管道施工工艺流程可分为下图所示几步。

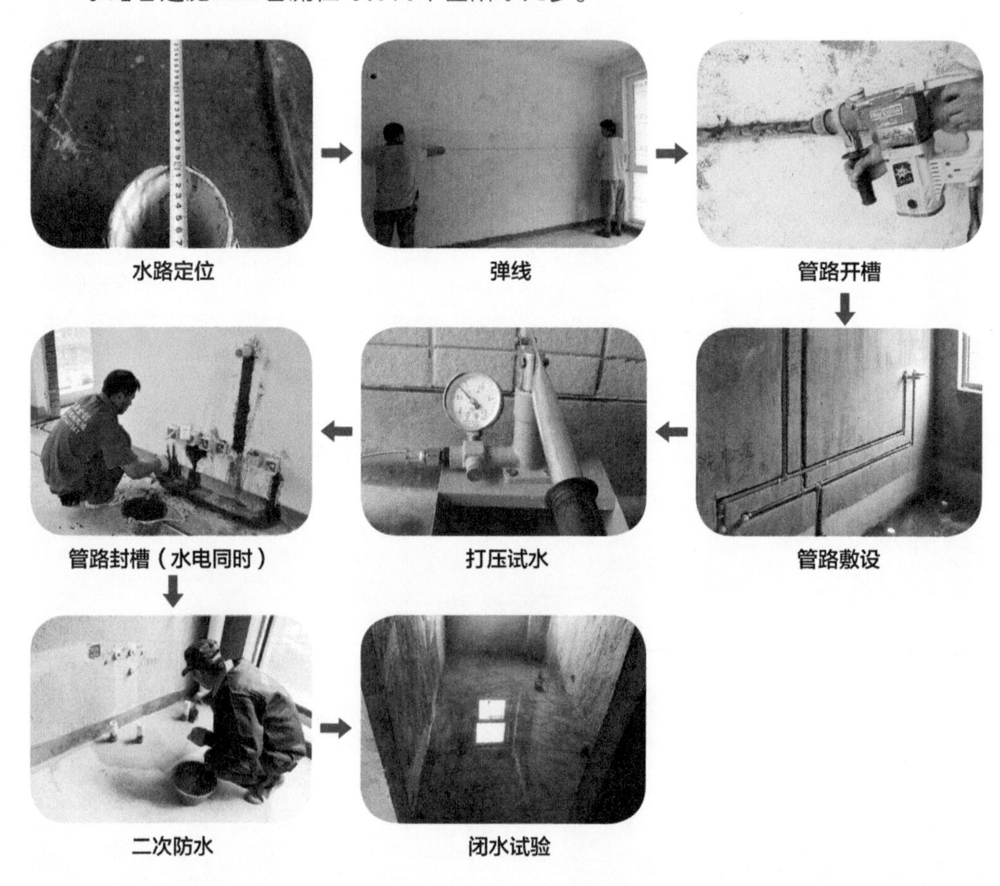


### 4.1.1 水路定位

水路定位是为了确定所有用水设备的摆放位置、尺寸及安装高度。定位要求如下。

①对照水路布置图以及相关橱柜水路图，了解厨卫功能布局，看阳台是否设计预留水管（根据业主需求，如果想在阳台设置洗衣机、拖布池或太阳能，那最好在阳台预留水管）。

阳台太阳能

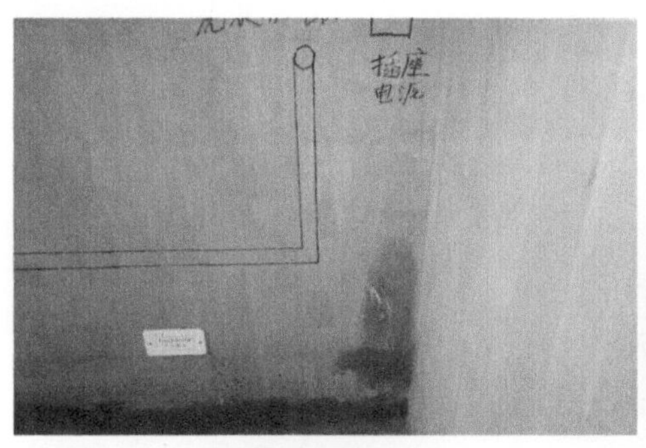

洗衣机出水端口定位

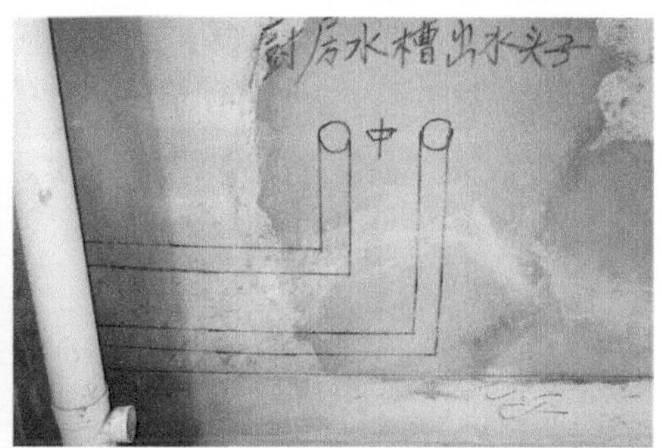


厨房出水端口定位

②清楚准备使用的洁具（洗菜盆、面盆、蹲便器、坐便器、浴缸、污水盆等）的类型以及给、排水方式，如面盆是柱盆还是台盆，坐便器是下排水还是后排水等。业主需要和设计师及时沟通，以确保设计满足自己的需求。

坐便器出水端口定位

浴缸出水端口定位

③清楚热水器的数量和型号，以及不同型号热水器所要求的给、排水方式、位置与尺寸等。

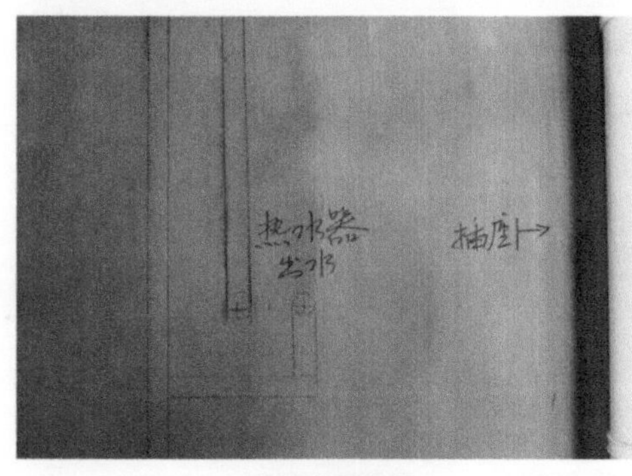


电热水器定位

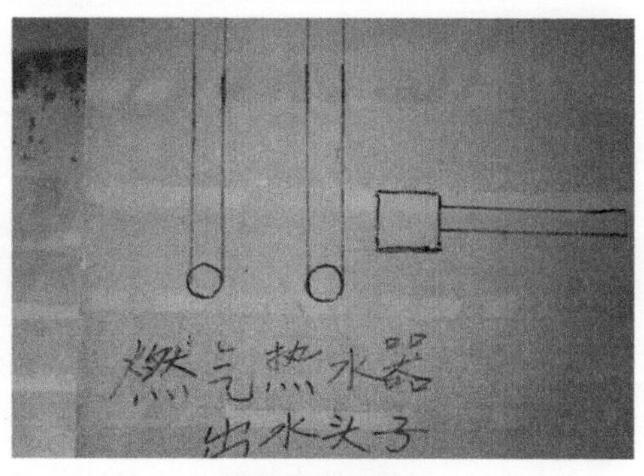


燃气热水器定位

④明确冷、热管道的位置与数量，有无特殊的使用需求；

⑤明确地漏的位置及数量；

⑥清楚以上信息后，用墨斗或粉笔（不要用红色）做标注，字迹需清晰、醒目，应避开需要开槽的地方，冷、热水槽应分开标明。

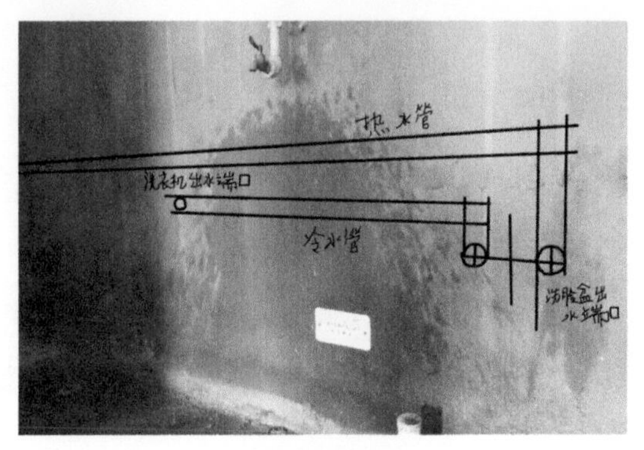

冷热水管定位

各洁具水路定位尺寸要求如下表所示。

| 名称 | 尺寸 /cm | 名称 | 尺寸 /cm |
| --- | --- | --- | --- |
| 台盆冷、热水口 | 高 50 | 蹲便器 | 高 100 ~ 110 |
| 墙面出水台盆 | 高 95 | 热水器高度（燃气） | 高 130 ~ 140 |
| 标准浴缸 | 高 75 | 热水器高度（电加热） | 高 170 ~ 190 |
| 冲淋水管口 | 高 100 ~ 110 | 标准洗衣机 | 高 105 ~ 110 |
| 拖把池 | 高 65 ~ 75 | 小洗衣机 | 高 85 |
| 坐便器 | 高 25 ~ 35 | 冷热水中心距 | 宽 15 |

### 4.1.2 弹线

弹线的步骤及要求如下。

①对照水路布置图，用一条沾了墨的线，两个人每人拿一端然后弹在地上或者墙上，以确定管路走向。

弹水平线

②弹线的工具包括圈尺、墨斗、黑色铅笔、彩色粉笔、红外线测试仪等。

③弹线主要标出冷、热水管的分布以及各空间中出水、排水口的位置。

④弹线（画线）的宽度要大于管路中配件的宽度。

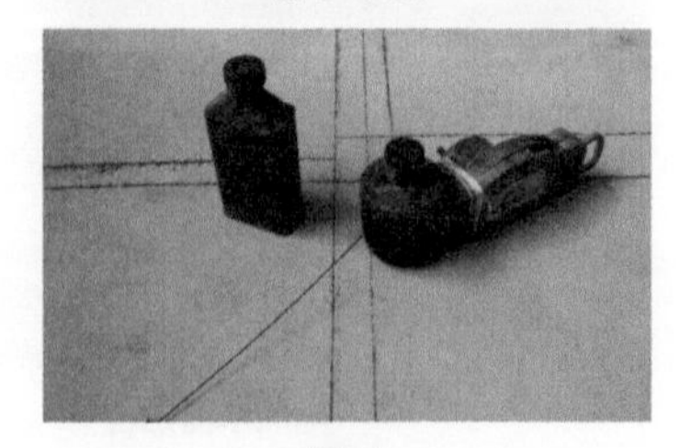
墨斗

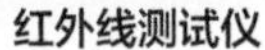

红外线测试仪

洗脸盆出水端口画线

## 4.1.3 管路开槽

管路开槽是为了将管道掩藏在墙壁内，增加室内美感，是家装水路施工的重点工作。开槽时应根据墙面或地面所弹线使用专用开槽机进行开槽，避免人工开槽。

### 1. 开槽机

开槽机，又称水电开槽机、墙面开槽机，主要用于墙面的开槽作业，机身可在墙面上滚动，且可通过调节滚轮的高度控制开槽的深度。

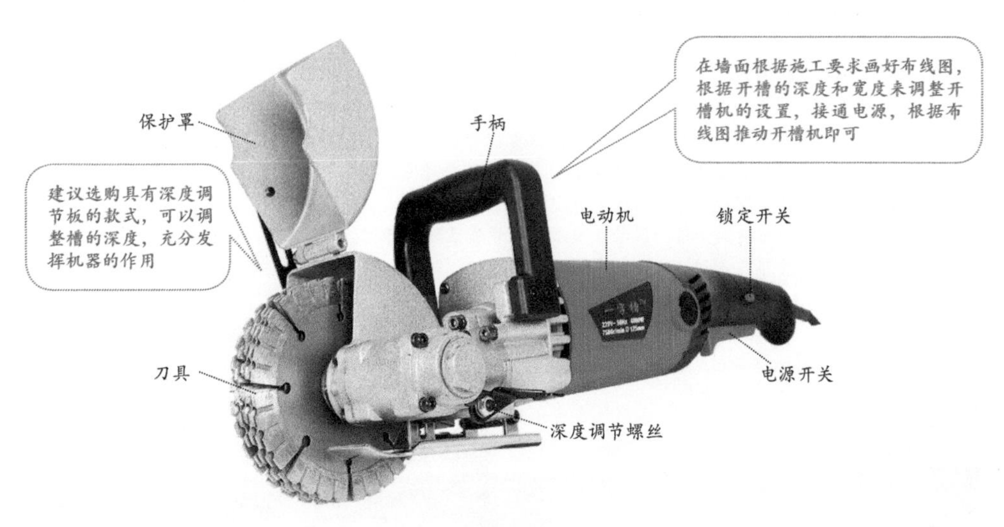


开槽机结构

### 2. 开槽机的选购

①看刀具：叶轮结构的刀具，只能开轻质砖和硬度较低的墙壁。开混凝土、老火砖等墙壁，必须使用金刚石切片刀具。

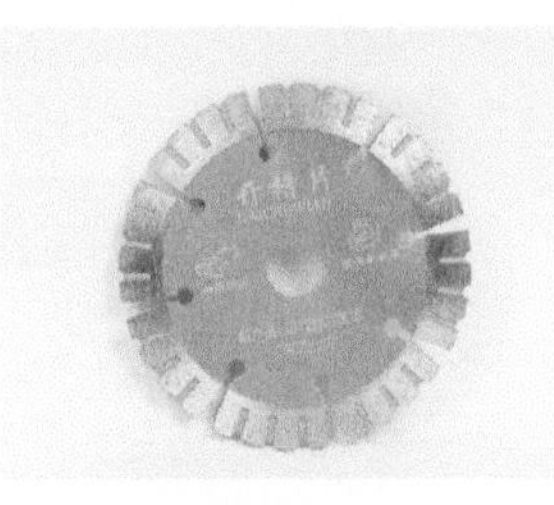

金刚石切片刀具

合金刀具

②看功率：功率十分重要，如果功率不足，操作起来会很吃力，但是功率太大的话，也会出现问题。例如一般家用电网线路中无法承受 4000W 的功率，如果过载，会发生短路现象。

③看槽深：即可开槽的最大深度。测量刀轴中心到刀罩的距离，距离越大说明可安装的刀片直径越大；测量刀具超出机器底板的高度，超出的距离越高，开槽时也就开得越深。

④看转速：可变速开槽机电动机和齿轮箱的工作是一系列复杂的过程，每次变速都会使得齿轮组重新调整位置和运转状态，这样很容易导致电动机和齿轮箱崩溃，因此建议选购单速的产品。

**操作要点**

a. 一般而言，管槽深度与宽度应不小于管材直径加 20mm，若为两根管道，管槽的宽度要相应增加，一般单槽 4cm，双槽 10cm，深度为 3 ～ 4cm。
b. 水管开槽原则是“走顶不走地、走竖不走横”，即开槽尽量走顶、走竖。
c. 若钢筋较多，注意不要切断房屋结构的钢筋，可以开浅槽，在贴砖时加厚水泥层。
d. 水路走线开槽应该保证暗埋的水管在墙和地面内，不应外露。
e. 房屋顶面预制板开槽深度严禁超过 15mm。
f. 不准在室内保温墙面横向开槽，严禁在预埋地热管线区域内开槽。
g. 承重墙上开槽长度不得超过 30cm。

根据冷热水管画线切割

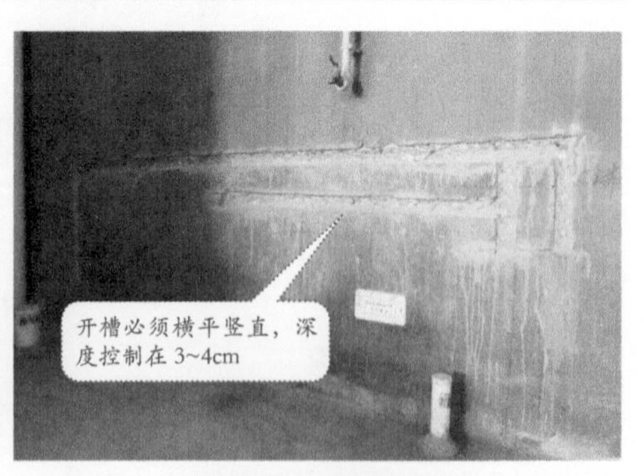


根据冷热水管画线开槽

## 4.1.4 管路敷设

### 1. 给水管的敷设

①管线尽可能与墙、梁、柱平行，呈直线走向，力求简短。

管线与墙、梁、柱平行

给水管吊顶排列

②暗装水管排列分式可以分为吊顶排列、墙槽排列和地面排列，各有优缺点，可根据需求选择不同的排列方式。

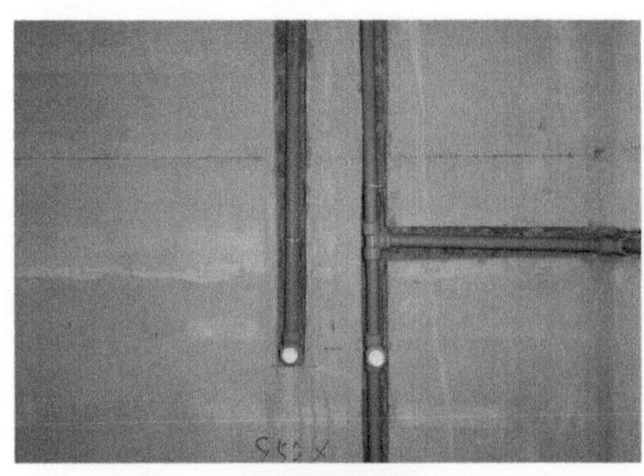

给水管墙槽排列

给水管地面排列

③若需要穿墙洞，单根水管的墙洞直径一般要求不小于 5cm（具体由使用的管道直径决定），若为两根水管穿墙时，应分别打孔穿管，洞孔中心间距以 15cm 为宜。

水钻打孔

给水管穿墙、梁

④管路发生交叉时，次管路必须安装过桥弯头并在主管道下面，使整体管道分布保持在水平或垂直线上。

⑤冷、热水管出口一般为左热右冷，冷、热水出端口中间距一般为15cm。冷、热水出水口必须垂直平行、高低一致，并且冷、热水管不能在同一个线槽中。

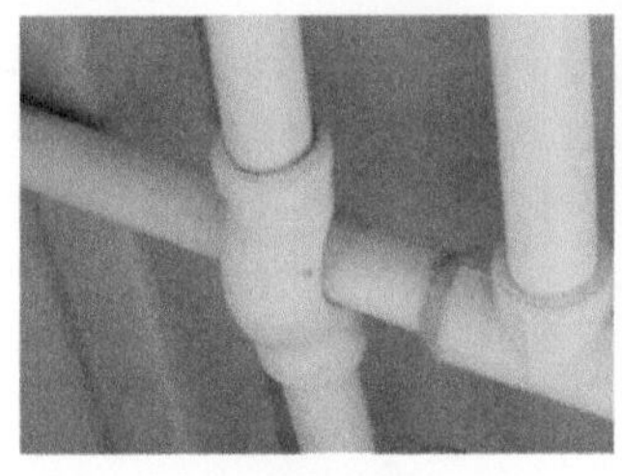
过桥弯头图

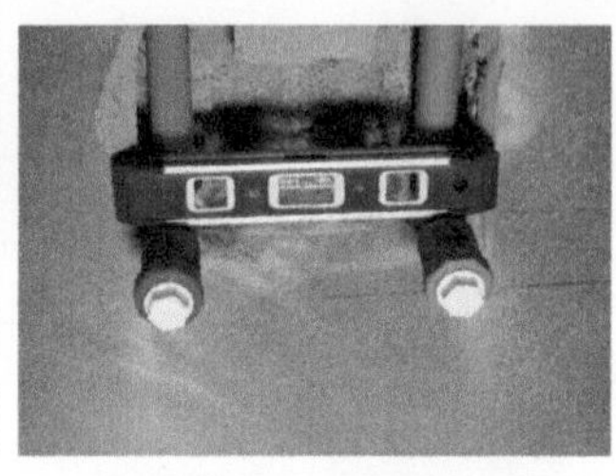
水平尺检测出水口是否平行

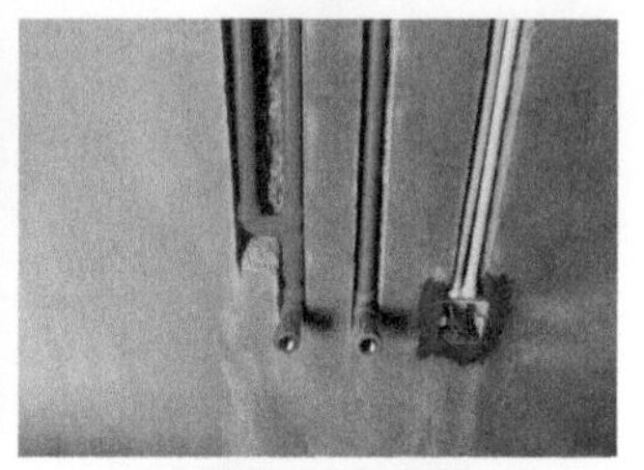
冷热水管分线槽敷设

⑥水管安装完毕后，需要对水管进行简易固定，让外接头与墙面保持水平一致，冷、热水管的高度需一致，之后按照尺寸要求补槽。

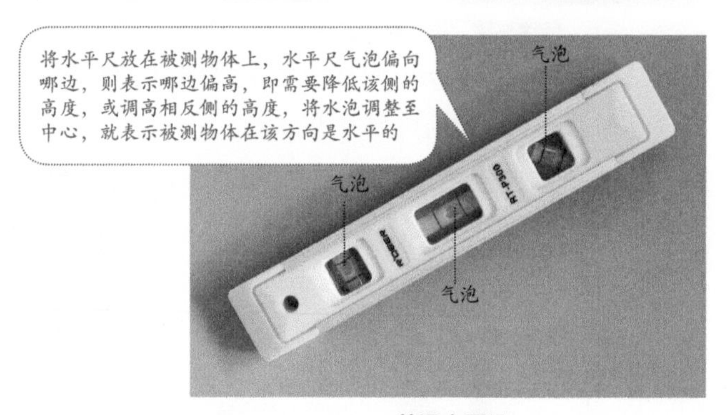

普通水平尺

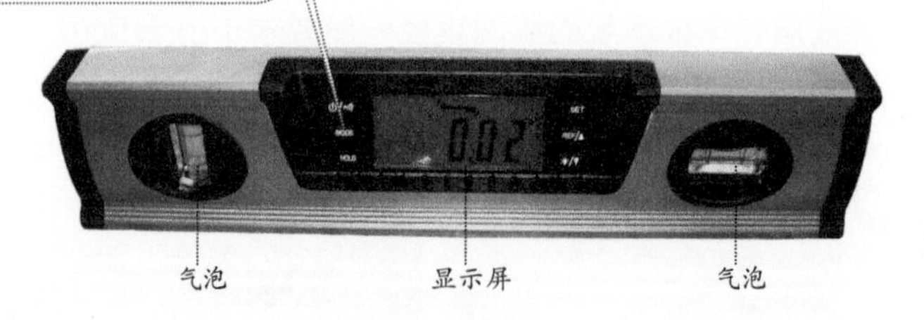

数显型水平尺

⑦安装在吊顶上的给水管道应用管卡固定且需要用保温材料做绝热防结露处理。

顶面水管固定

给水管保温

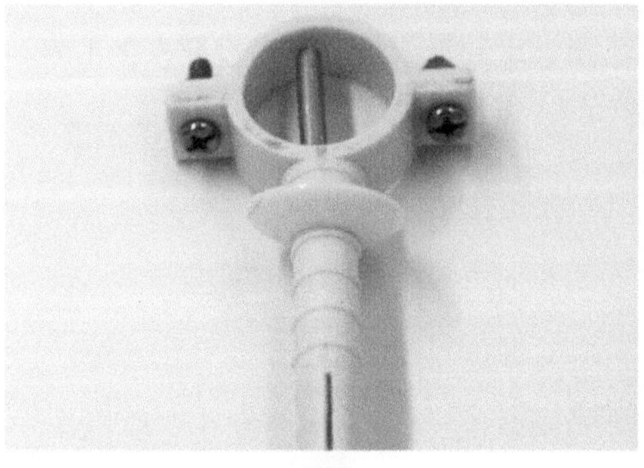

管卡

给水管管卡安装

## 2. 排水管的敷设

①所有通水的空间都需要安装下水管与地漏，UPVC 下水管连接时需用专用胶水涂均匀后套牢。

②排水横支管需要按照一定坡度接至原毛坯房预设的排水主下水管。

Tips

若原有主下水管不理想，可以重新开洞铺设下水管，之后要用带防火胶的砂浆封好管周。封好后用水泥砂浆堆一个高 10mm 的圆圈，凝固 3 天后，放满水，1 天后查看四周有无渗透现象，如果没有则说明安装成功。

③若需要锯管，长度需实测，并将各连接件的尺寸考虑进去，工具宜选用细齿锯、割刀和割管机等。断口应平整，断面处不得有任何变形。插口部分可用中号板锉锉成 15° ~ 30° 坡口。坡口长度一般不小于 3mm，坡口厚度宜为管壁厚度的 1/3 ~ 1/2。坡口完成后，将残屑清除干净。

④地漏必须放在地面的最低点。

⑤管道连接完成后，应先固定在墙体槽中，用堵头堵塞预留弯头，关闭水阀，进行加压检测，试压压力为 0.8MPa，恒压 1 小时不降低才算合格。

⑥橱柜、洗脸盆柜内下水管尽量安装在柜门边、柜中央部位等处。

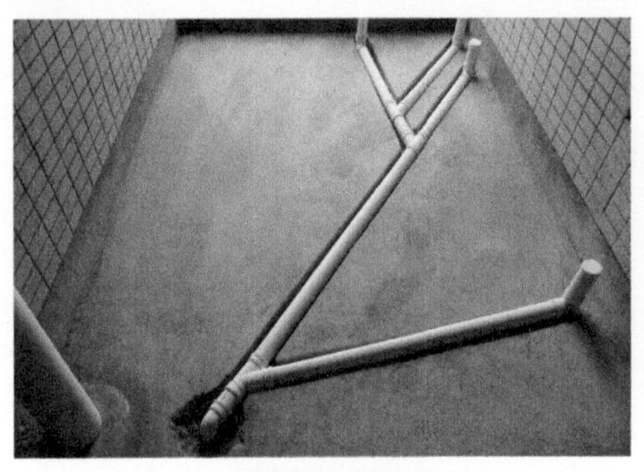

地面排水管安装

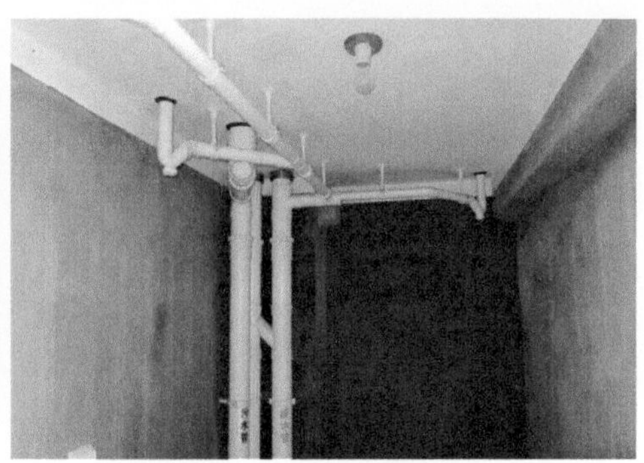

顶面排水管安装固定

建筑排水塑料管排水横管的最小坡度、通用坡度和最大设计充满度要求见下表。

| 公称外径 /mm | 通用坡度 | 最小坡度 | 最大设计充满度 |
|---|---|---|---|
| 50 | 0.025 | 0.0120 | 0.5 |
| 75 | 0.015 | 0.0070 | |
| 110 | 0.012 | 0.0040 | |
| 125 | 0.010 | 0.0035 | |
| 160 | 0.007 | 0.0030 | 0.6 |
| 200 | 0.005 | 0.0030 | |
| 250 | 0.005 | 0.0030 | |
| 315 | 0.005 | 0.0030 | |

## 4.1.5 打压试水

### 1. 打压泵

水路施工完成后，应选择精度较高的打压泵对水路进行打压测试，检查管道是否有渗漏的地方。打压泵压力表精度不应低于 1.5 级，量程范围应为试验压力的 1.3~1.5 倍。打压泵体积小，精准度高，使用方便，非常适合家庭使用。

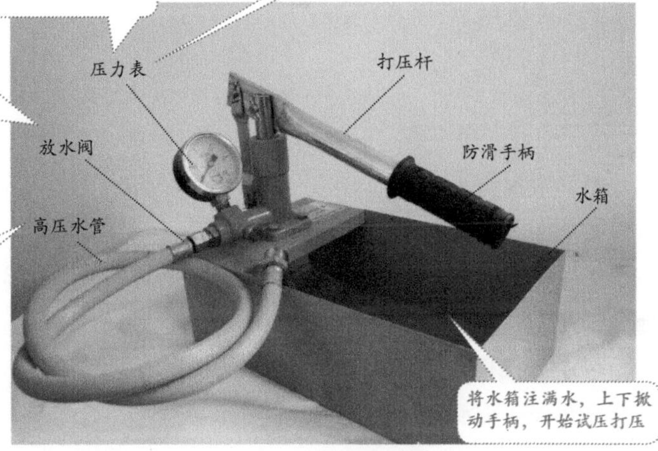


打压泵结构

**操作要点**

a. 不宜在有酸碱、腐蚀性物质的工作场合使用。
b. 测试压力时，应使用清水，避免使用含有杂质的水来进行测试。
c. 在试压过程中若发现有任何细微的渗水现象，应立即停止试压并进行检查和修理，严禁在渗水情况下继续加大压力。
d. 试压完毕后，先松开放水阀，压力下降，以免压力表损坏。
e. 试压泵不用时，应放尽泵内的水，倒入少量机油，防止锈蚀。

## 2. 试水步骤

对于 PPR 管道系统，水压试验一般要求在管道连接安装 24 小时后进行。试压之前，对管道应采取安全有效的固定和保护措施，但接头明露。打压试水步骤如下。

**Tips**

严格来说，水路改造应进行两次打压试验，第一次是在开工前，用来确认原管道是否有渗漏问题，第二次是在改造结束后，用来确认整体水路是否漏水。建议进行两次打压，避免责任混淆。

①将试压管道末端封堵，缓慢注水，同时将管道内气体排除。

②充满水后，进行水密性检查。

③加压宜用手动泵缓慢加压，升压时间不得小于 10min。

④升至试验压力（试验压力为管道系统工作压力的 1.5 倍，但不得小于

给水试压

0.6MPa），停止加压，稳压 1 小时，观察接头部位是否有漏水现象。

⑤稳压 1 小时后，补压至试验压力值，15min 内压力下降不超过 0.05MPa 为合格。

## 4.1.6 封槽

水路敷设完成后需要将管路封起来，即封槽，目的是将墙及地面上的管路填平，方便后期施工。将地面上的管路与后期铺砖的干砂隔离，在保护管路的同时也方便后期工程的实施。如果封槽这一步操作得不好，很容易引起墙面工程或地面工程起鼓、翘曲等现象。

### 1. 封槽的作用

铺设完水管后，应用 1 ∶ 2 的水泥将水管固定，这一环节就是“封槽”，目的是将管线与后期铺地板或铺砖所用的干砂隔开，防止水管的热胀冷缩造成瓷砖空鼓。

用水泥砂浆封槽

水泥砂浆

### 2. 封槽注意事项

①水泥超过出厂日期3 个月不能用。不同品种、标号的水泥不能混用。黄砂要用河砂、中粗砂。

②水管线进行打压测试没有任何渗漏后，才能够进行封槽。水管封槽前，检查所有的管道，对有松动的地方进行加固。

③被封闭的管槽，所抹填的水泥砂浆应与整体墙面保持平整。

阳台管路封槽

## 4.1.7 二次防水

二次防水即在开发商所做的防水层上用水泥砂浆做 2~3cm 高度的保护层，然后再做一次防水。二次防水是对一次防水的重要补充，相当于给住户加设一道保护伞。

### 1. 基面处理要求

①基面必须坚固、平整、干净，无灰尘、油腻、蜡、脱模剂等以及其他碎屑物质。

②基面有孔隙、裂缝、不平等缺陷的，须预先用水泥砂浆修补抹平，伸缩缝建议粘贴塑胶条，节点须加一层无纺布，管口部位建议使用管口灌浆料填充。

基面不平，需要抹平

水泥地面抹平

③阴阳角处应抹成圆弧形（或 V 字形）。

④确保基面充分湿润，但无明水。

### 2. 防水浆料使用方法

①搅拌：先将液料倒入容器中，再将粉料慢慢加入，同时充分搅拌 3~5min，至形成无生粉团和颗粒的均匀浆料即可使用。

将液料倒入容器中

防水浆料搅拌

②涂刷：用毛刷或滚刷直接涂刷在基面上，力度使用均匀，不可漏刷；一般需涂刷 2 遍（根据使用要求而定），每次涂刷厚度不超过 1mm；前一次略微干后（刚

好不粘手，一般间隔 1~2 小时）再进行后一次涂刷，前后垂直十字交叉涂刷，涂刷总厚度一般为 1~2mm；如果涂层已经固化，涂刷另一层时先用清水湿润。

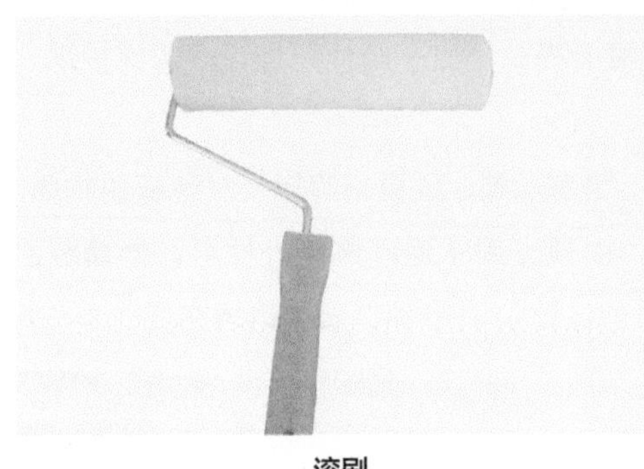

滚刷

用毛刷涂防水涂料

③养护：施工 24 小时后建议用湿布覆盖涂层或喷雾洒水对涂层进行养护。

④保护：施工后完全干涸前请采取禁止踩踏、雨水、暴晒、尖锐损伤等保护。

防水涂料

地面防水层

## 4.1.8 闭水试验

闭水试验是二次防水之后至关重要的一个步骤，一般用于卫生间、厨房、阳台等地方，闭水试验做起来比较简单，但也是非常重要和最容易忽视的一环，因此业主们在装修卫生间等地方时一定要提高警惕，免得影响到以后卫生间的使用，甚至还会影响到周围邻居。

卫生间闭水试验步骤如下。

①防水施工完成，24 小时后可做闭水试验。

②把地漏和管道口周边进行暂时封堵。

③在房间门口用黄泥土、低标号水泥砂浆等材料做个20~25cm高的挡水条(坎)，把地漏等堵塞严密。

④开始蓄水，深度20~30cm，做好水位标记。

⑤蓄水时间为24~48小时，这是保证卫生间防水工程质量的关键。

⑥第一天闭水后，看水位线是否有明显下降，仔细检查四周墙面和地面有无渗漏现象，或从楼下观察是否有水渗出。如果有，请及时检查楼下屋顶和管道周边是否有渗漏、滴水、浸湿等现象；如果没有，继续闭水。

⑦第二天闭水完毕，全面检查楼下天花板和屋顶管道周边。

⑧完全合格后进行下一道工序。

闭水试验



闭水试验失败

**操作要点**

a. 卫生间防水施工完后必须等待防水涂料的涂层“终凝”(即完全凝固的意思)后才能试水。
b. 终凝时间：各种防水涂料在产品的执行标准中都有明确规定，产品不同其终凝时间的要求也不同。
c. 一般情况下，防水做完24小时后即可试水。试水时间为24~48小时即可。
d. 防水材料达到终凝后，不会因为蓄水时间的加长而加速防水层的老化。
e. 地漏一定要堵严实。
f. 如果地势高，一定要在门口堵水泥，一定要等水泥干了以后再放水。
g. 防水涂料的包装袋、桶及桶盖都有用。包装袋用来装沙子堵地漏；桶和桶盖用来垫地面，防止水流破坏防水涂料。

## 4.2 管道连接

### 4.2.1 PPR管介绍

#### 1.PPR管的特点

PPR管又叫三型聚丙烯管或无规共聚聚丙烯管，既可用作冷水管，也可以用作热水管，是目前家居装修中采用最多的一种供水管道，具有节材、环保、轻质高强、耐腐蚀、消菌、内壁光滑不结垢、施工和维修简便、使用寿命长等优点。

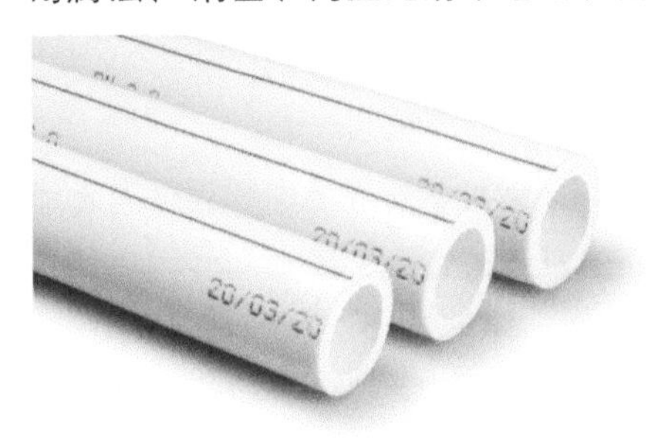


PPR 管

各种颜色的 PPR 管

市面上的 PPR 管有白色、灰色、绿色和咖喱色等多种颜色，主要是因为添加的色母料不同而造成的。管体上有红线的表示为热水管，有蓝线的为冷水管，没有线条显示的通常都有文字说明。

### 2.PPR 管的规格

PPR 管材规格用管系列 S、公称外径（$d_n$）× 公称壁厚（$e_n$）表示。例如，PPR 管系列 S4、公称外径 25mm、公称壁厚 2.8mm，表示为 S4 25×2.8。管材按尺寸分为 S5、S4、S3.2、S2.5、S2 五个系列。

PPR 管 S 系列的规格如下表所示。

| 公称外径 / mm | S5 | S4 | S3.2 | S2.5 | S2 |
|---|---|---|---|---|---|
| | 公称壁厚 /mm | | | | |
| 20 | 2.0 | 2.3 | 2.8 | 3.4 | 4.1 |
| 25 | 2.3 | 2.8 | 3.5 | 4.2 | 5.1 |
| 32 | 2.9 | 3.6 | 4.4 | 5.4 | 6.5 |
| 40 | 3.7 | 4.5 | 5.5 | 6.7 | 8.1 |
| 50 | 4.6 | 5.6 | 6.9 | 8.3 | 10.1 |
| 63 | 5.8 | 7.1 | 8.6 | 10.5 | 12.7 |
| 75 | 6.8 | 8.4 | 10.3 | 12.5 | 15.1 |
| 90 | 8.2 | 10.1 | 12.3 | 15.0 | 18.1 |
| 110 | 10.0 | 12.3 | 15.1 | 18.3 | 22.1 |

PPR 管管径公英制对照如下表所示。

| 俗称 | 内径 /in | 公称直径 /mm | 公称外径 ($d_n$)/mm |
|---|---|---|---|
| 4 分 | 1/2 | 15 | 20 |
| 6 分 | 3/4 | 20 | 25 |
| 1 寸 | 1 | 25 | 32 |
| 1 寸 2 | 1¼ | 32 | 40 |
| 1 寸半 | 1½ | 40 | 50 |
| 2 寸 | 2 | 50 | 63 |
| 2 寸半 | 2½ | 65 | 75 |
| 3 寸 | 3 | 80 | 90 |
| 4 寸 | 4 | 100 | 110 |

### 3.PPR 管给水管件

PPR 管常用管件如下。

直接接头

异径直接

等径 90° 弯头

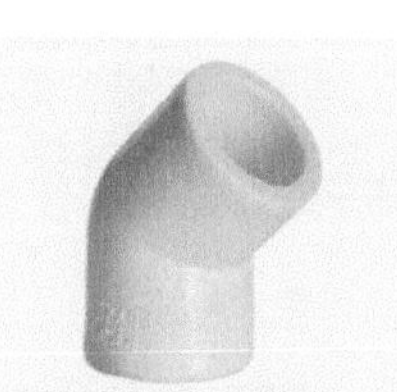
等径 45° 弯头

活接内牙弯头

带座内牙弯头

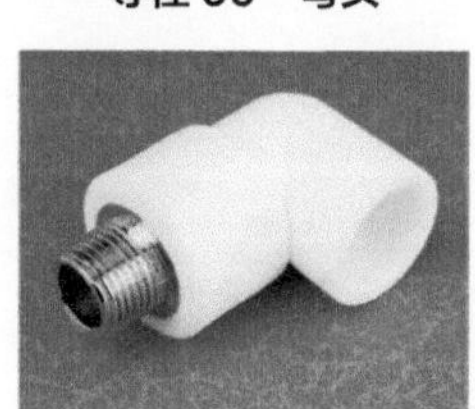
90° 承口外螺纹弯头

90° 承口内螺纹弯头

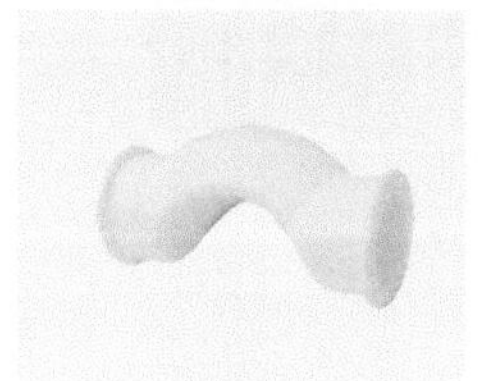
过桥弯头

等径三通

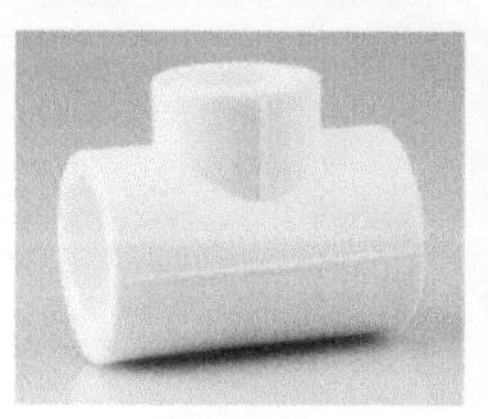
异径三通

承口内螺纹三通

承口外螺纹三通

双联内丝弯头

### 4.PPR 管的选购

①触摸：好的 PPR 水管为 100% 的 PPR 原料制作，质地纯正，手感柔和，而颗粒粗糙的很可能掺了杂质。

②闻气味：好的管材没有气味，次品掺了聚乙烯，会产生怪味。

③捏管材：PPR 管具有相当的硬度，用力捏会变形的则为次品。

④量壁厚：根据各种管材的规格，用游标卡尺测量壁厚，好的产品符合标准规格。

⑤听声音：将管材从高处摔落，好的 PPR 管声音较沉闷，次品声音较清脆。

⑥燃烧：次品因为有杂质会冒黑烟，有刺鼻气味，而合格品则无，并且熔出的液体无杂质。

## 4.2.2 如何连接 PPR 管

### 1. 热熔机

PPR 管的热熔连接工具为热熔器。

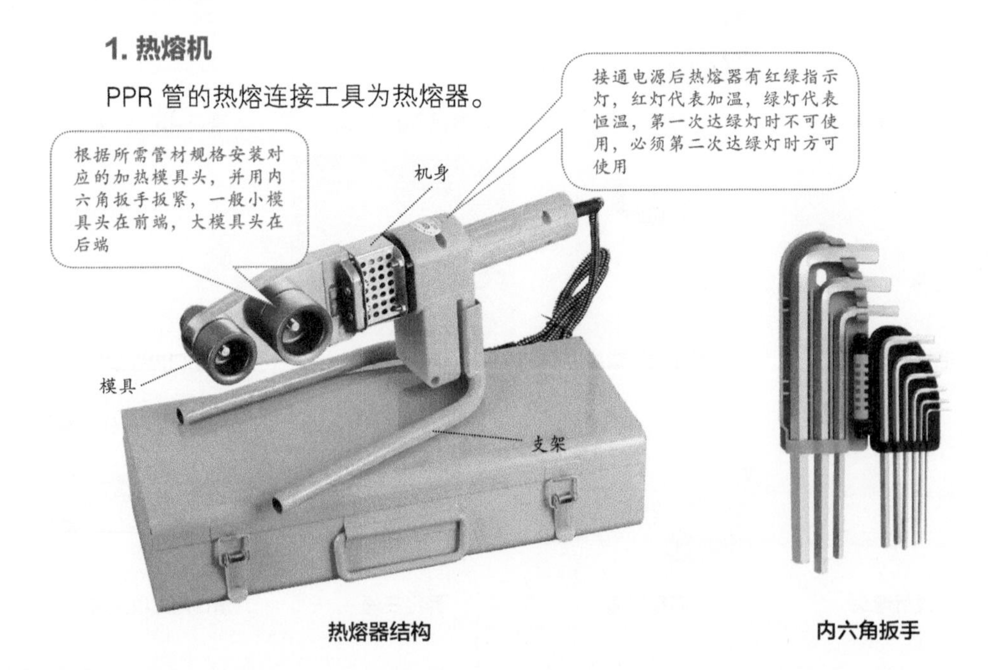


热熔器结构　　内六角扳手

### 2. 热熔步骤

安装模具头

①热熔器使用前，需清理四周的障碍物和易燃物，将热熔器固定在支架上，然后选择合适尺寸的模具头，将其固定。

② 接通电源（注意电源必须带有接地保护线），绿色指示灯亮，红色指示灯熄灭。表示熔接器进入自动控制状态，可开始操作。注意：在自动控温状态，这说明熔接器处于受控状态，不影响操作。

③切割管材至合适长度，切割时必须使端面垂直于管轴线，管材切割应使用专用管剪。

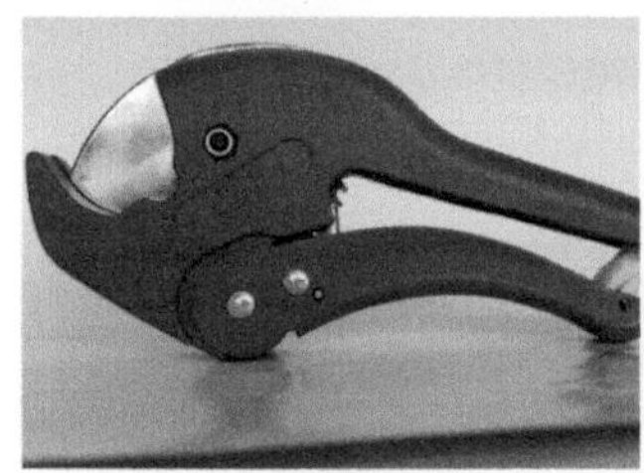

管剪

用管剪裁切水管

裁剪后管口处理

④查看热熔器温度，到达合适的焊接温度后，把管材直插到加热模具头套内，直到所标识的深度，同时，对管件也进行同样的操作。

> **Tips**
>
> a. 每根管材的两端在施工前应检查是否有损坏，如有损坏，管安装时端口应减去 4 ~ 5cm。
>
> b. 管材壁厚在 5mm 以上时，应切割坡口，保证充分焊透。

⑤达到加热时间后，立即把管材、管件从加热模具上同时取下，迅速无旋转地直线均匀插入到已热熔的深度，使接头处形成均匀凸缘，并要控制插进的深度。

⑥接好的管材和管件不可有倾斜现象，要做到基本横平竖直，避免在安装龙头时角度不对，导致不能正常安装。

⑦在规定的冷却时间内，严禁让刚加工好的接头处承受外力。

给水管热熔操作

给水管熔接完毕

PPR 管不同型号的加工时间见下表。

| 公称外径 /mm | 热熔深度 / mm | 加热时间 /s | 加工时间 /s | 冷却时间 /min |
|---|---|---|---|---|
| 25 | 15 | 7 | 4 | 3 |
| 32 | 16.5 | 8 | 4 | 4 |
| 40 | 18 | 12 | 6 | 4.5 |

## 4.2.3 PVC 管介绍

### 1.PVC 管的特点

PVC 排水管是以卫生级聚氯乙烯 (PVC) 树脂为主要原料，加入适量的稳定剂、润滑剂、填充剂、增色剂等经塑料挤出机挤出成型和注塑机注塑成型，通过冷却、固化、定型、检验、包装等工序而完成的管材。它壁面光滑，阻力小，比重低。

PVC 管

各种颜色 PVC 管

### 2.PVC 排水管的规格

PVC 排水管的规格及选用见下表。

| 公称直径 / mm | 公称外径 /mm | 内径 /mm | 壁厚 /mm | 选 用 |
|---|---|---|---|---|
| 50 | 50 | 46 | 2.0 | 面盆、洗菜盆、浴缸等排水支管 |
| 80 | 75 | 71 | 2.0 | 面盆、洗菜盆等排水横管 |
| 100 | 110 | 104 | 3.0 | 坐便器连接口，洁具排水横管、立管 |
| 150 | 160 | 152 | 4.0 | 立管 |
| 200 | 200 | 190.2 | 4.9 | |

### 3.PVC 管管件

PVC 主要管件如下。

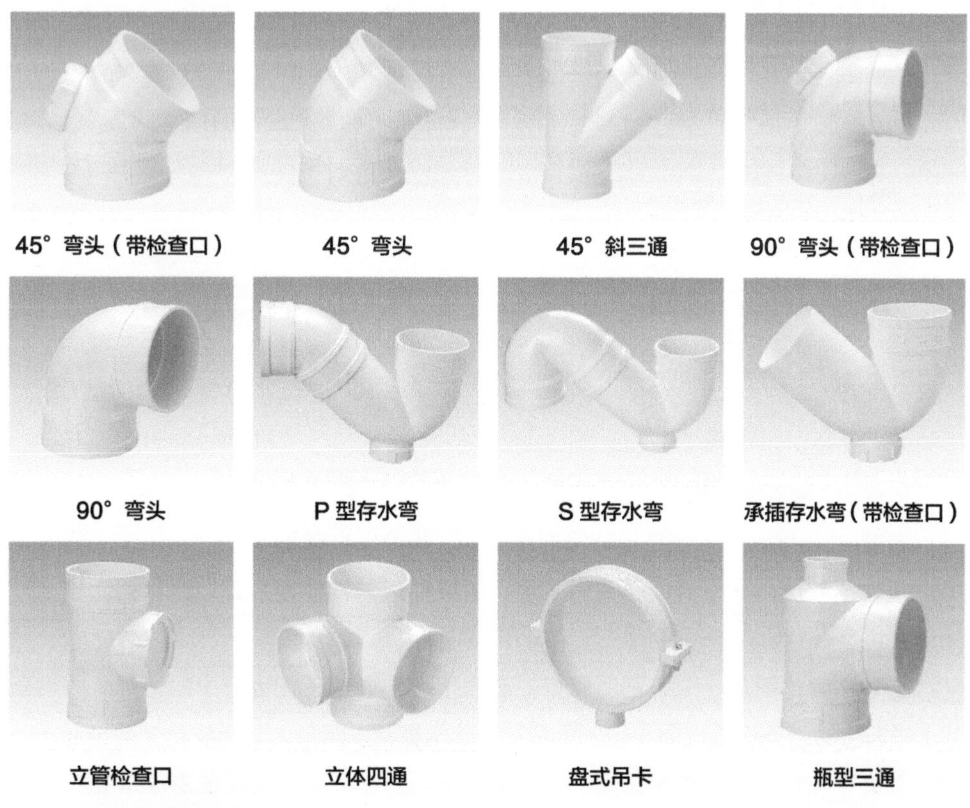

45° 弯头（带检查口） 45° 弯头 45° 斜三通 90° 弯头（带检查口）

90° 弯头 P 型存水弯 S 型存水弯 承插存水弯（带检查口）

立管检查口 立体四通 盘式吊卡 瓶型三通

### 4.PVC 管选购

①看外观：最常见的白色 PVC 管，颜色为乳白色且着色均匀，内外壁均比较光滑，而不合格的 PVC 管颜色特别白（有的发黄），且着色不均、较硬，外壁光滑但内壁粗糙，有针刺或小孔。

②检验韧性：将其锯成窄条后，弯折 180°，如果一折就断，说明韧性差；费力才能折断的管材，强度、韧性佳。还可观察断茬，茬口越细腻，说明管材均一性、强度和韧性越好。

③检测抗冲击性：可选择室温接近 20℃的环境，将锯成 200mm 长的管段（对应 110mm 管径），用铁锤猛击，好的管材，用人力很难一次击破。

④应到有信誉的经销点选择大型知名企业的产品，或到知名品牌的直销点购买，品质更有保障。

## 4.2.4 如何连接 PVC 管

### 1.PVC 管切割

PVC 管切割工具主要有钢锯、PVC 割刀、切割机等。

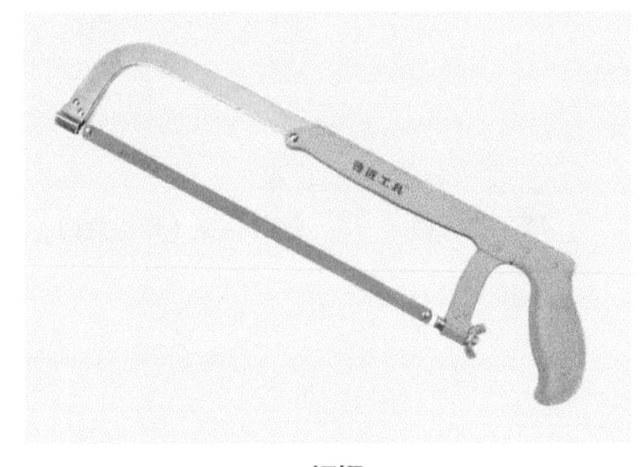

钢锯

切割机

### 2.PVC 管连接步骤

家装 PVC 排水管主要采用粘接连接方式。其操作步骤如下。

①切割管道。量好待切管道的长度，做好标识，将管道放置切割机处固定，启动切割机，一刀切断管道。

②切割管道倒角。刚切割的管道，必须把切割口放在在运行中的切割机的切割片上进行磨边，处理管端倒角，以免粘接时胶水被刮入承口内，造成粘接部位漏水。

③磨花粘接面。若两粘接面非常光滑，必须用砂纸将两粘接面磨花磨粗糙，保证管道的粘接质量；要根据管道尺寸来磨花粘接面，不宜过大或过小。

④清洁粘接面。两粘接面必须用抹布擦拭干净，旧管件必须使用清洁剂清洗粘接面。

⑤涂胶水。涂胶水前，在工作台上放置一张纸或毛毯，同时注意把管道、管件有字或瑕疵的一面转到背面。在管件内均匀地涂上胶水，然后在两待粘接面打上胶水，管道端口长约1cm，需均匀涂厚一点儿胶水。

PVC 胶黏剂（图中用了胶粘剂）

⑥粘接。将管道轻微旋转着插入管件，完全插入后，需要固定15秒，胶水晾干后即可使用。

⑦收尾。完成粘接后，必须拧紧胶水瓶盖子，防止胶水挥发，同时把滴到瓶身的胶水擦拭干净，把瓶身、刷柄上的干胶撕掉，使瓶子保持干净整洁。

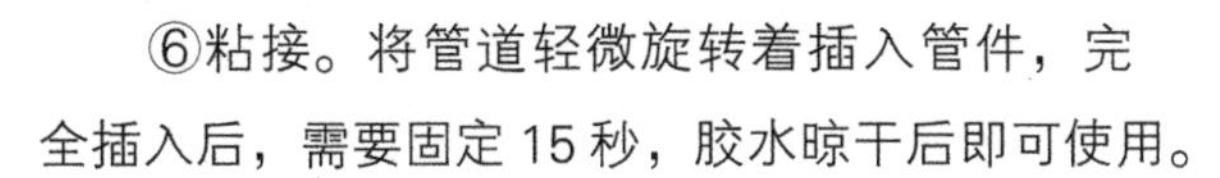


a. 因为切割机的切割片有一定厚度，所以在管道上做标记时需多预留2~3 mm，确保切割管道长度准确。
b. 涂胶水时，胶水不宜过多或过少，以管道和管件的接缝稍微有一小圈胶水为佳。
c. 使用灰色胶水不小心沾污管道时，不可用抹布擦拭，应将管道沾染胶水的一面朝下，防止进一步沾污管道。而当使用白色胶水沾污管道时，可以用抹布擦拭干净。

## 4.2.5 如何布局厨房水路

### 1. 管道敷设要点

走墙不走地。厨房水管敷设尽量走墙、走顶，不要走地，因为厨房通常都会做扣板吊顶，如果管路出现问题，可以将吊顶卸下，维修非常方便。而如果走地面的话，出现问题要挖开地面，既破坏了地面，又破坏了防水层，非常麻烦。

厨房铝扣板吊顶

管道走地，维修非常麻烦

### 2. 确定冷热进水口水平位置

确定冷、热进水口水平位置，应首先考虑冷、热水口的维修空间，一般都是安装在橱柜中，但要注意橱柜侧板、下水管的位置对冷热水管道安装是否有影响。

冷热进水口在橱柜中

### 3. 冷热进水口及水表高度的确定

确定冷、热进水口及水表的高度，应该考虑冷热水口和水表连接、维修、查看的空间及洗菜盆与下水管对它们的安装是否存在影响，一般安装在离地 200 ~ 400mm 的位置。为了避免排水立管影响美观，可以对其进行装饰。

水表安装位置

为了检修，此处需开口

包装立管

### 4. 下水口位置的确定

确定下水口位置，主要考虑排水的通畅性及水槽的位置，还应考虑维修的方便性和地柜款式的影响，一般安装在洗菜盆的下方。

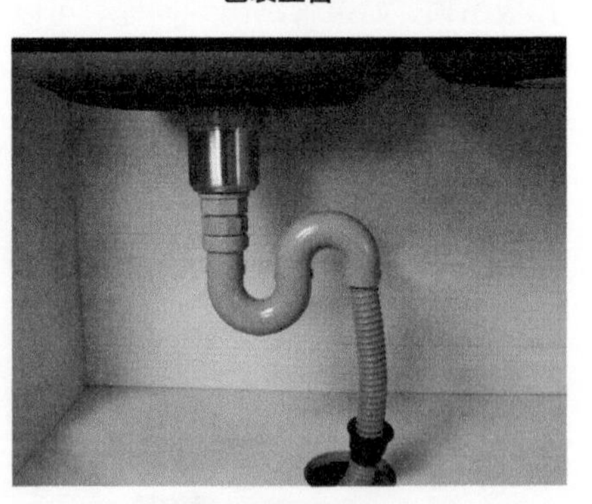

洗菜盆下水口

### 5. 角阀的安装位置

水盆下面的角阀应装在龙头下 30cm 左右，太低的话软管够不到，软管的最佳状态是呈“L”型，不要直上直下，否则软管接头容易崩开。

### 6. 水槽位置的确定

水槽担负厨房的清洁工作，水槽侧面距墙面至少为 40cm，另一侧至少要留 80cm 才能方便操作，且不应太靠近转角。

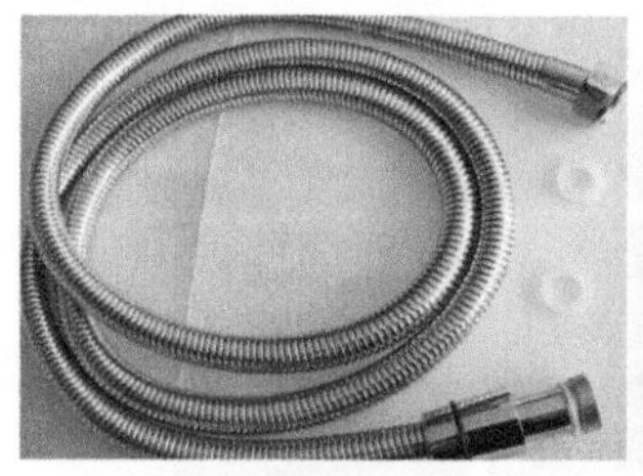
软管

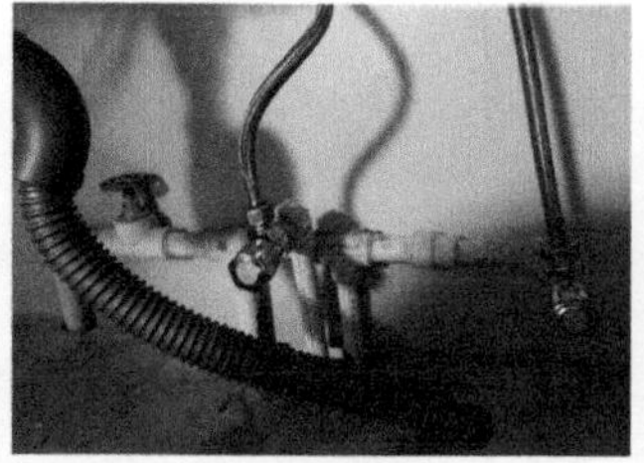
角阀安装位置

厨房水槽位置

## 4.2.6 如何布局卫生间水路

### 1. 水管敷设原则：走墙不走地

与厨房一样，卫生间在敷设水管的时候尽量走墙不走地，以后维修不用破坏防水，更加方便、省力。

### 2. 确定洁具入水口、出水口位置

卫生间的主要用具是洁具，注意在订购洁具前测量出水口、入水口的具体位置，看其是否与自己想要买的洁具适配，如果贸然购买洁具，可能出现安装不上的情况。

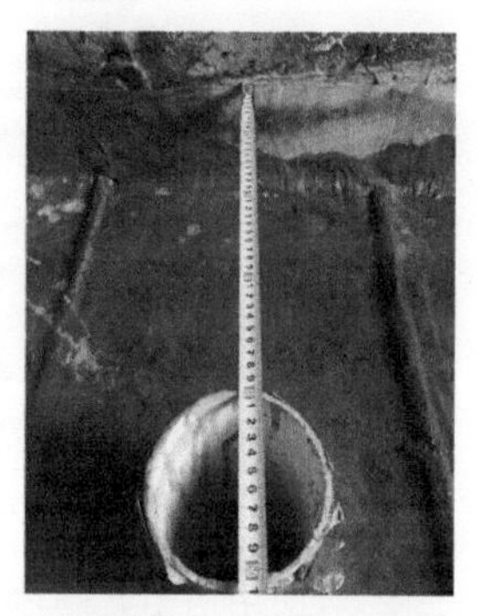
大便器排水口距墙尺寸测量

卫生间常用洁具配件安装高度见下表。

| 名称 | 安装高度 /mm | 名称 | 安装高度 /mm |
|---|---|---|---|
| 面盆水龙头 | 800 ~ 1000 | 淋浴器截止阀 | 1150 |
| 面盆龙头角阀 | 450 | 坐便器低水箱角阀 | 150 |
| 淋雨花洒 | 2000 ~ 2200 | 挂式小便器角阀 | 1050 |
| 浴盆龙头 | 670 | 洗衣机龙头 | 1200 |
| 淋浴器混合阀 | 1150 | 热水器进水 | 1700 |

### 3. 地面及开槽墙面应做防水

地漏、排水管根部应加强处理，防水涂层为三遍，粘接应严密、牢固，地面防水涂层应均匀、不龟裂、不鼓泡；水管封槽处应做加固处理，防止墙面开裂破坏防水层。

地面及开槽墙面防水示意图

若使用浴缸，则墙面的防水层应高出浴缸 300mm 以上，淋浴如果不是淋浴房，则墙面需要做防水，防水层的高度应不低于 1800mm。

### 4. 闭水试验

洁具安装完毕后，需做闭水试验。堵住卫生间内下水口，在卫生间放入适量水，24 小时后不漏水说明防水做好了。

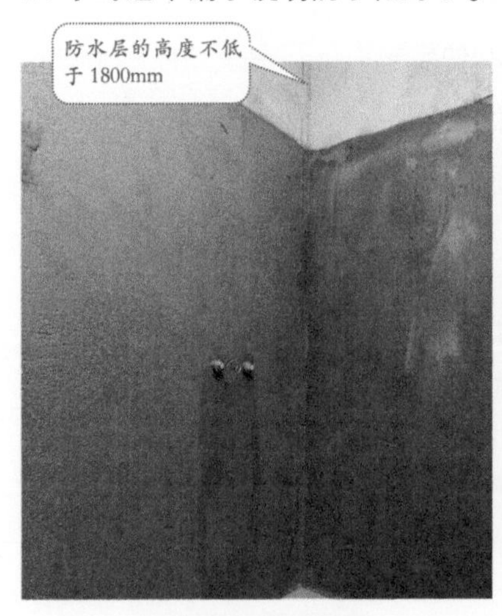


淋浴墙面防水效果图

闭水试验

## 4.3 附件与洁具安装

### 4.3.1 如何安装阀门

阀门是流体输送系统中的控制部件，用来改变通路断面和介质流动方向，具有导流、截止、节流、止回、分流或溢流卸压等功能。

**1. 阀门的常见类型**

①蹲便器冲洗阀。用于冲洗蹲便器的阀门，分为脚踏式、旋转式、按键式等。

脚踏式冲洗阀

旋转式冲洗阀

按键式冲洗阀

②截止阀。一种利用装在阀杆下的阀盘与阀体突缘部位相密封，达到关闭、开启目的的阀门，分为直流式、角式、标准式，还可分为上螺纹阀杆截止阀和下螺纹阀杆截止阀。

③三角阀。管道在三角阀处呈 90° 的拐角形状，三角阀起到转接内外出水口、调节水压的作用，还可作为控水开关，分为 3/8（3 分）阀、1/2（4 分）阀、3/4（6 分）阀等。

④球阀。球阀用一个中心开孔的球体作阀心，旋转球体控制阀的开启与关闭，来截断或接通管路中的介质，分为直通式、三通式及四通式等。

截止阀

三角阀

球阀

**2. 阀门的安装步骤**

①阀门安装前，按设计文件核对其型号，并按水流方向确定安装方向，仔细阅读说明书。PPR 管的阀门属于水管配件，同样是以热熔方式连接的，在进行连接时，阀门不能关闭。

②用手柄拧动的阀门可以安装在管道的任何位置上，通常是安装在平时比较容易操作的位置上。在水平管道上安装阀门时，阀杆应垂直向上，不允许阀杆向下安装。

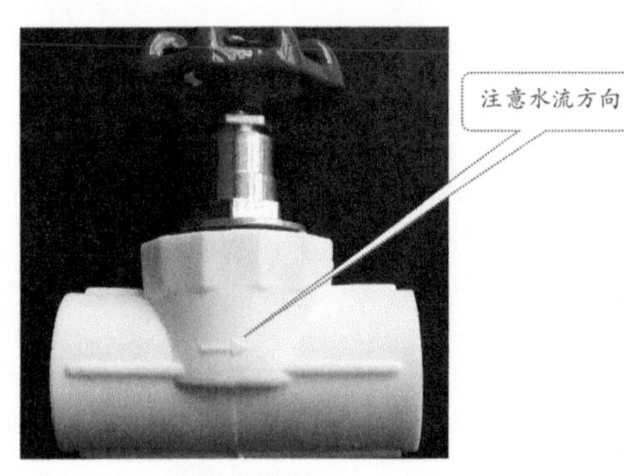


PPR 截止阀

手动阀安装位置

③安装阀门时，不宜采用生拉硬拽的强行对口连接方式，以免因受力不均引起阀门的损坏；明杆闸阀不宜装在地下潮湿处，容易造成阀杆锈蚀，搬动时发生断裂等情况，缩短使用时间。

④淋浴上的混水阀需要同时连接上冷水管和热水管。

淋浴器混水阀

混水阀安装

⑤阀门安装完毕，用手拧动阀门旋转数次，如灵活无停滞现象，说明使用正常。

**3. 阀门的选购**

①选购时观察阀门的外表，表面应无砂眼；电镀层应光泽均匀，无脱皮、龟裂、烧焦、露底、剥落、黑斑及明显的麻点等缺陷。

②喷涂表面组织应细密、光滑、均匀，不得有流挂、露底等缺陷。上述缺陷会直接影响阀门的使用寿命。

③阀门的管螺纹是与管道连接的，在选购时目测螺纹表面有无凹痕、断牙等明显缺陷。特别要注意的是管螺纹与连接件的旋合有效长度将影响密封的可靠性，选购时要注意管螺纹的有效长度。

④选购阀门除了注意质量外，还应清楚所需要的阀门的种类和结构，不同种类的阀门有不同的结构和规格。例如，三角阀的管螺纹就有内螺纹和外螺纹两种，闸阀、球阀则在其阀体或手柄上标有公称压力。

## 4.3.2 如何安装水表

**1. 水表的常见类型**

**（1）按测量原理分类**

①速度式水表：安装在封闭管道中，由一个运动元件组成，并由水流运动速度直接使其获得动力速度的水表。典型的速度式水表有旋翼式水表、螺翼式水表。

②容积式水表：安装在管道中，由一些被逐次充满和排放流体的已知容积的容室和凭借流体驱动的机构组成的水表，或简称定量排放式水表。

旋翼式水表

螺翼式水表

容积式水表

**（2）按安装方向分类**

①水平安装水表：安装时其流向平行，水表的度盘上一般标有“H”，水表名称不指明时，一般为水平安装水表。

②竖直安装水表：又称立式水表，安装时其流向垂直于水平面，水表的度盘上

一般标有“V”。

### （3）按计数器的指示形式分类

按计数器的指示形式可分为指针式、字轮式和指针字轮组合式水表 。

立式水表

字轮

指针

指针字轮组合式水表

### 2. 水表的安装要点

①室外安装的水表一般应安装保护盒，不宜安装在暴晒、雨淋和冰冻的场所，防止外来伤害。严冬季节，室外安装的水表应有防冻措施。不用时把水表进水端阀门关闭，出水端放水阀和水龙头打开，可防止水表因冰冻膨胀损坏。

②安装水表前必须彻底清洗管道，避免碎片损坏水表。

③水表是用水量的计量工具，为了保证计量的准确性，安装时水表进水口前段管道长度应至少是 5 倍表径以上的距离，出水口后段管道的长度应至少是 2 倍表径以上的距离，水表外壳距墙面的距离为 10 ～ 30mm。

④水表的安装高度应距地面或楼面 0.8m 至 1.2m 处。水表前后供水管必须固定，使水表始终处于水平位置，不得倒装、歪装、斜装，以保证其计量准确，换表方便、快捷。水表安装应让其表壳上的箭头方向与管道内水的流向保持一致，并与管道同

室外集中水表井安装示意图

户内水表安装示意图

轴安装。

⑤表前或表后至少加装一个截止阀，以便于经常检查、更换或清洗。

⑥水表的上游和下游处的连接管道不能缩径。

⑦安装位置应保证管道中充满水，气泡不会集中在表内，应避免水表安装在管道的最高点。

⑧水表安装以后，要缓慢放水充满管道，防止高速气流冲坏水表。

**3. 水表的选购**

①先对通常情况下所使用流量的大小和流量范围进行大致的估算，选择与常用流量值最接近的规格。此规格的水表在常用流量下工作性能的稳定性和耐用性是最佳的，比较符合设计要求。月流量对应的水表口径尺寸要求见下表。

| 类型 | 水表口径 /mm | 月流量 /m³ |
|---|---|---|
| 旋翼式 | 15 | 1 ~ 300 |
|  | 20 | 150 ~ 450 |
|  | 25 | 200 ~ 600 |
|  | 40 | 500 ~ 1800 |
|  | 50 | 900 ~ 2700 |
| 螺翼式 | 80 | 3000 ~ 12000 |

②家用水表以字轮式最佳，它读数清晰、抄读方便。北方由于很多水井中的水表比较深，安装指针式更好。

③如果所在地区的水质不佳，除了在管道中安装过滤器外，选择能适应这样水质的水表或流量计是需要考虑的。速度式水表受水质影响要小一点，而容积式水表则对水质的要求比较高。

## 4.3.3 如何安装地漏

地漏，是连接排水管道系统与室内地面的重要接口，作为住宅中排水系统的重要部件，它的性能好坏直接影响室内空气的质量，对卫生间的异味控制尤其重要。

### 1. 地漏的类型

#### （1）按材料分类

①铸铁地漏：早期普遍使用的产品，价格便宜，但外观粗糙，容易弄脏生锈，不易清理，现在属于淘汰产品，购买时需注意。

② PVC 地漏：PVC 地漏是继铸铁地漏后出现的产品，也曾普遍使用，价格低廉，重量轻，容易划伤，遇冷热后物理稳定性差，易发生变形，是低档次产品。

铸铁地漏

PVC 地漏

③合金类地漏：合金材料材质较脆，强度不高，时间长了如使用不当，面板会断裂。其价格中档，重量轻，但表面粗糙，市场占有率不高，有铝合金地漏、锌合金地漏等。

④不锈钢地漏：不锈钢地漏价格适中，款式美观，市场占有量较高，材质有 304 不锈钢及 201 不锈钢之分，前者不会生锈，质量要好于后者。

⑤黄铜地漏：黄铜地漏分量重，外观感好，工艺多，高档产品多为此类，但有的铜地漏镀铬层较薄，时间长了地漏表面会生锈。

合金地漏

不锈钢地漏

黄铜地漏

#### （2）按功能分类

地漏按照功能可分为普通淋浴区地漏、洗衣机专用地漏、两用地漏及手盆、洗菜盆专用防臭下水接头及地漏改造用的防臭地漏芯等。

**（3）按结构分类**

地漏按结构可分为水封地漏和无水封地漏。

**2. 地漏的安装位置**

**（1）必须安装的位置**

①淋浴下方：淋浴间排水量最大，要保证水能够迅速排下去而不至于积存，就要选择排水量大的款式，另外还需要选择防臭防堵塞款式，1 ~ 2 个淋浴器需要直径为 50mm 的地漏，3 个需要直径为 75mm 的地漏。

淋浴地漏

防臭防堵塞地漏

②洗衣机附近：洗衣机附近地漏要满足短时大量排水要求，又需要插入洗衣机排水软管，一般需要洗衣机专用地漏。

洗衣机接地漏

洗衣机专用地漏

**（2）可选的安装位置**

①坐便器附近：坐便器旁边的地面比较低，容易积水，时间长了会有脏垢积存，安装一个地漏利于排水。

②厨房和阳台：如果厨房排水管为返水弯式可以不用装地漏，若不是，建议安装。

一般阳台都用来晾晒衣服，也会有少量的积水，建议安装，如果为敞开式阳台或者阳台放置有洗衣机则必须安装地漏。

坐便器附近的地漏

阳台地漏

**3. 地漏的安装步骤**

①安装之前，检查排水管直径，选择适合尺寸的产品型号。

②铺地砖前，用水冲刷下水管道，确认管道畅通。

③摆好地漏，确定其准确的位置。

④根据地漏的位置，开始划线，确定待切割的具体尺寸（尺寸务必精确），对周围的瓷砖进行切割。

对地漏周围瓷砖进行切割

⑤以下水管为中心，将地漏主体扣压在管道口，用水泥或建筑胶密封好。地漏上平面低于地砖表面 3 ~ 5mm 为宜。

地漏安装

⑥将防臭芯塞进地漏体，按紧密封，盖上地漏箅子。

盖上地漏箅子

地漏安装完毕

⑦安装完毕后，可检查卫生间泛水坡度，然后再倒入适量水看是否排水通畅。

地漏排水检查

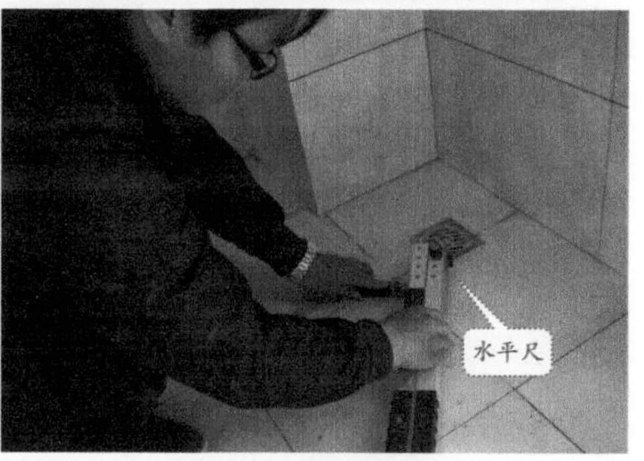


卫生间泛水坡度检查

### 4. 地漏的选购

①好的地漏需要排水通畅，下水快，还要防堵塞、防返水。

②一般下水孔的直径越大，排水流量也大，需要注意的是洗衣机瞬间排水量很大，所以建议选择直排水类型的地漏。

③防臭功能要好，防返味、防害虫，在经常用水的地方可选用深水封地漏，不常用水比较干燥的地方最好用无水封地漏。

④要注意材料的工艺是否精细，表面是否圆滑平整，粗糙或有毛刺的地漏易挂脏东西，会影响地漏的自清洁功能。

⑤在不影响排水及防臭功能的前提下，尽量选薄型地漏，使卫生间的坡度更大一些，以利于排水。

⑥一般来说，铝合金、锌合金的价格相对便宜，售价 30 ~ 40 元 / 个，不锈钢的 50 元 / 个，黄铜的 60 ~ 70 元 / 个，工艺复杂一些的 100 元 / 个。现在合金的材料经电镀以后，外表和铜基本分辨不出，鉴别时可以用手掂量一下，铜质材质的比较重，合金的相对较轻。

## 4.3.4 如何安装水龙头

### 1. 水龙头常见类型

①单柄单控龙头：最普通的龙头，用于卫生间，作为备用水管的放水龙头。

②单柄双控洗衣机龙头：主要用来接洗衣机的进水管。

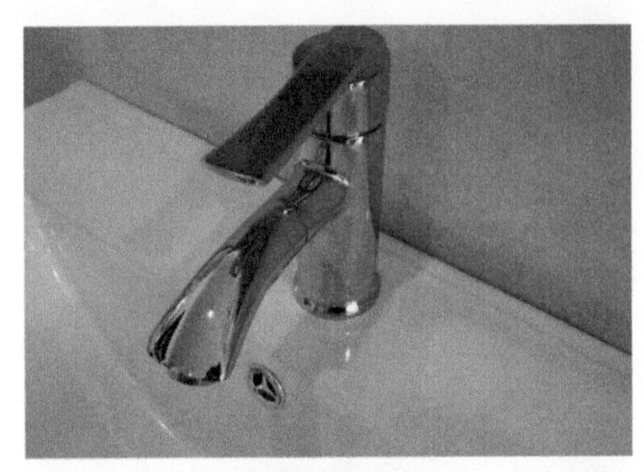

单柄单控龙头

单柄双控洗衣机龙头

③单柄双控面盆龙头：一个手柄左右方向控制冷、热进水，主要用在面盆上。

④双柄双控入墙式龙头：冷、热水进水口直接接在墙面预留的出水口上，不需要用软管，主要用在面盆上。

⑤单柄单控面盆龙头：只能接冷水管的龙头，主要用在面盆上。

单柄双控面盆龙头

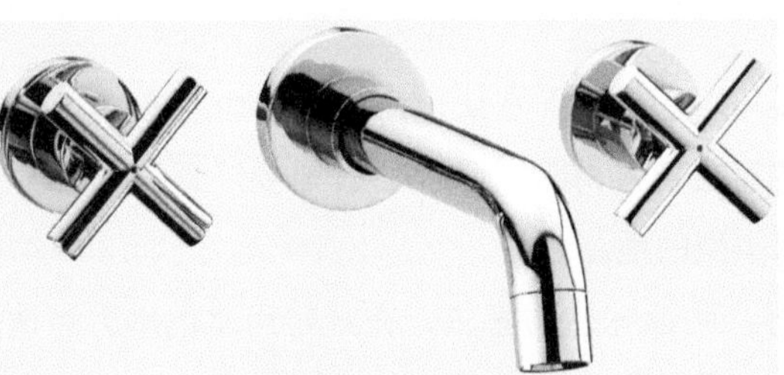

双柄双控入墙式龙头

单柄单控面盆龙头

### 2. 水龙头的安装步骤

①准备工作：安装水龙头前要准备好工具和配件，包括扳手、钳子、买来的新水龙头、软管、胶垫圈等，并仔细阅读说明书。

②连接进水管：先把两条进水管接到冷、热水龙头的进水口处，如果是单控龙头只需要接冷水管。

③安装固定柱：把水龙头固定柱穿到两条进水管上。

④安装龙头：再把冷、热水龙头安装到面盆上，面盆的开口处放入进水管。

⑤安装固定件：把紧固件固定上，并把螺杆、螺母旋紧。

⑥安装完毕后检查：首先仔细查看出水口的方向，是否向内倾斜（向内倾斜的话，使用时容易碰到头），再使用感受一下，如果发现龙头有向内倾斜的现象，应及时调节、纠正。

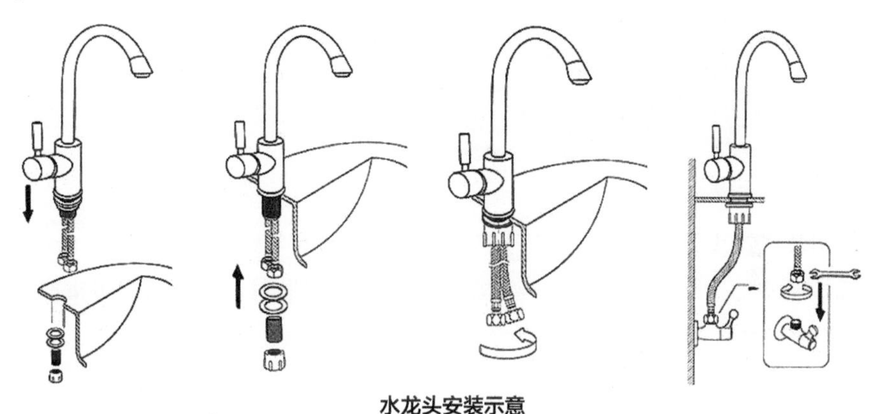

水龙头安装示意

### 3. 水龙头安装注意事项

①冲净杂质：在安装龙头前，需要打开冷、热水给水管，将水管内积累的杂质冲干净，以免损坏龙头。

②确保压力平衡：水龙头必须在安全供水压力下（一般公称压力不大于 1.0MPa）使用，确保水龙头的良好使用和保持冷、热水的供水压力平衡。

③花洒软管保持自然：需要将花洒软管保持自然舒展状态，不能强行拉折，以免损伤或者损坏软管。

④避免外力破坏：不要用外力推压、摇晃水龙头，以免损坏。

⑤温度不能高于 90℃：一般水龙头适用于建筑物内的冷、热管道上，介质温度不能高于 90℃。

⑥注意使用温度：如果环境温度过低（低于 3℃）或者过高（高于 90℃）会造成损坏。

## 4.3.5 如何安装厨房水槽

厨房水槽安装步骤如下。

①水槽孔预留：首先，要给即将安装的水槽留出一定的位置，根据所选款式，告知橱柜公司开孔尺寸。

厨房水槽预留孔

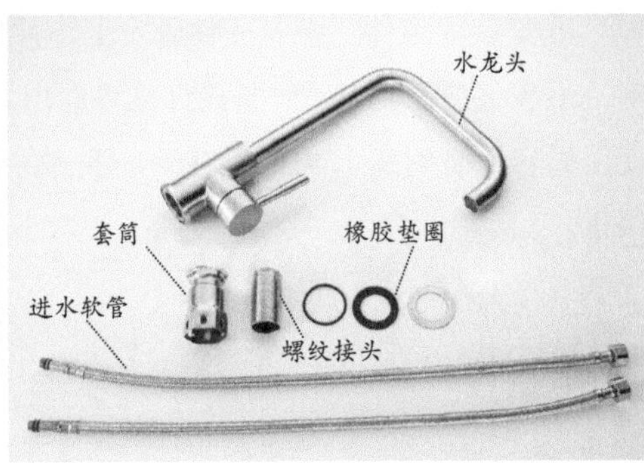


水龙头及配件

②组装水龙头：按照说明书先将水龙头和进水管安装完毕。

③放置水槽：厨房水槽的一些功能配件都安装结束后，就可以把水槽放置到台面中的相应位置。

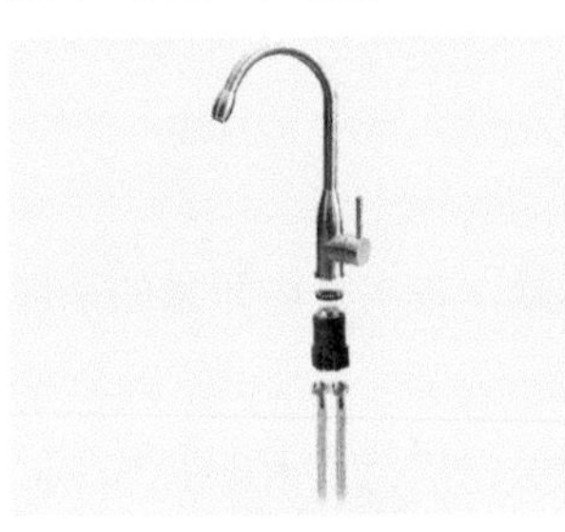

水龙头组装图示

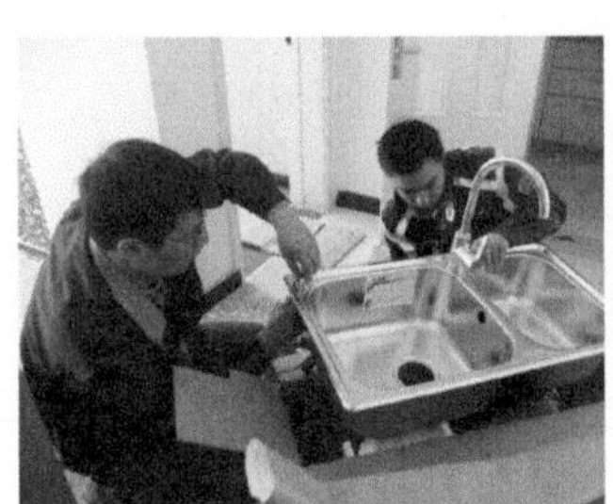

水龙头组装完毕

放置厨房水槽

④安装溢水孔下水管：溢水孔是避免洗菜盆向外溢水的保护孔，因此在安装溢水孔下水管的时候，要特别注意其与槽孔连接处的密封性，要确保溢水孔的下水管自身不漏水，可以用玻璃胶进行密封加固。

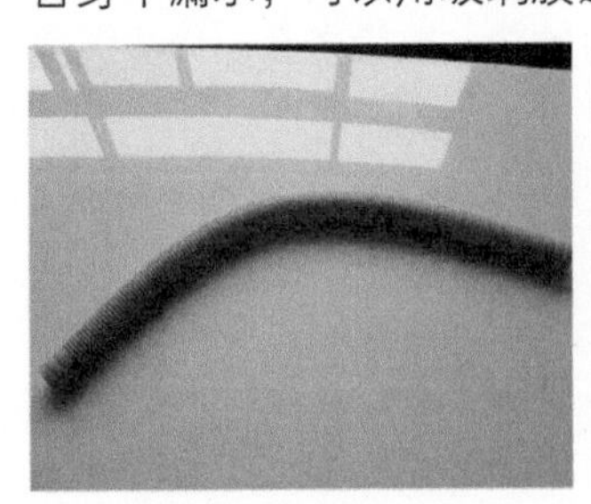

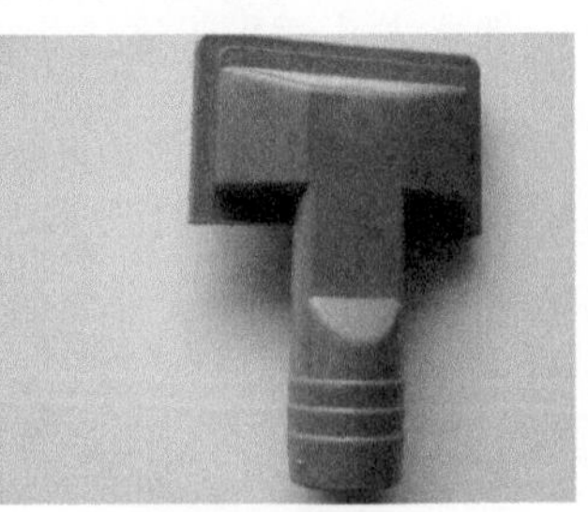

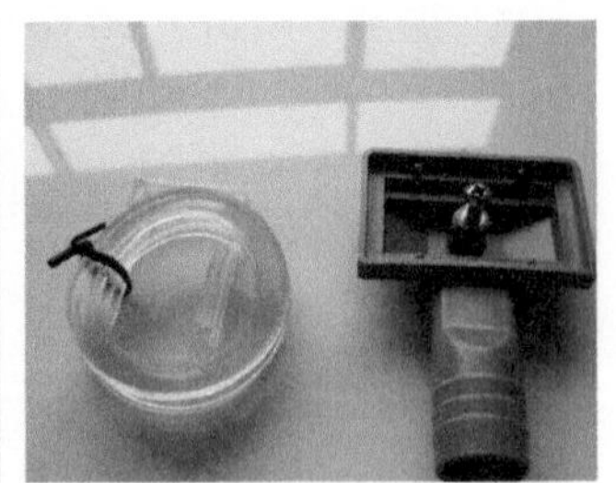

溢流孔下水管件

⑤安装过滤篮的下水管：在安装过滤篮的下水管时，要注意下水管和槽体之间的衔接，不仅要牢固，而且还应该密封。这是洗菜盆经常出问题的关键部位，最好谨慎处理。

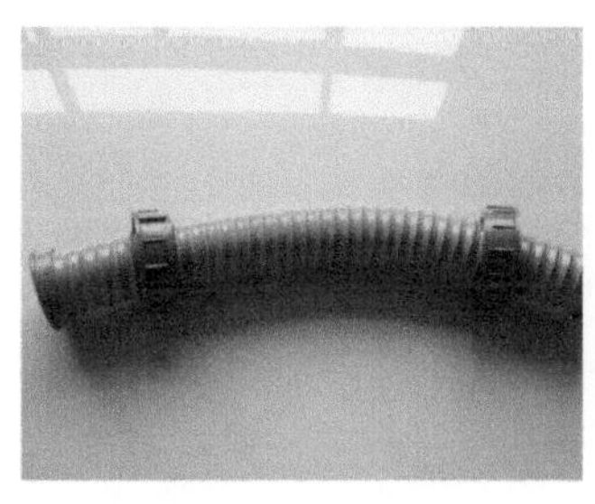

过滤篮下水管件

⑥安装整体排水管：通常业主都会购买有两个过滤篮的水槽，但是两个下水管之间的距离有近有远。安装时，应根据实际情况对配套的排水管进行切割，这个时候要注意每个接口之间的密封。基本安装结束之后，安装过滤篮。

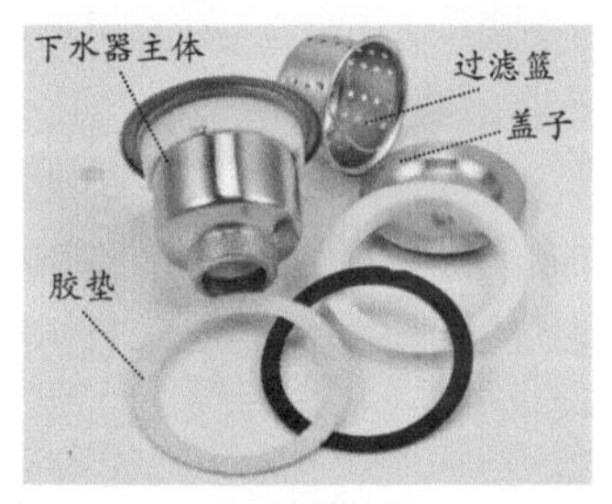


下水器组件

厨房水槽下水组装效果图

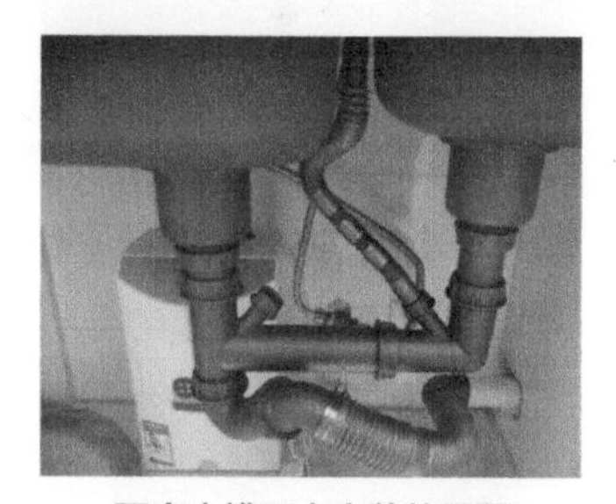

厨房水槽下水安装效果图

⑦排水试验：将洗菜盆放满水，同时测试两个过滤篮下水和溢水孔下水的排水情况。发现哪里渗水再紧固固定螺帽或是打胶。

⑧槽体周边封边：做完排水试验，确认没有问题后，对水槽进行封边。使用玻璃胶封边，要保证水槽与台面连接缝隙均匀，不能有渗水的现象。

槽体周边封边示意图

厨房水槽安装完毕效果图

## 4.3.6 如何安装面盆

### 1. 面盆的常见类型

①台上盆：安装在台面上，台上盆造型变化较多，但安装时必须在边缘用玻璃胶或者其他物质封边，时间长了易出现变黑、发黄等现象。

②台下盆：安装在台面下，台下盆外观整洁，但样式单一，维修比较麻烦；在小台面上安装很难保证质量。

③立柱盆：立柱盆占地面积小，适合小卫生间，柱盆的造型多简洁，给人以干净、整洁的外观感受，但没有收纳空间。

台上盆

台下盆

立柱盆

### 2. 面盆水龙头的安装步骤

①取出水龙头，将固定螺母和垫圈取下。

②将垫片装入水龙头，再把水龙头装入水龙头安装孔内，套上黑色垫圈，固定螺母后，旋紧螺母。

③安装冷、热进水管，必须拧紧，否则会导致漏水。

④取出橡胶垫圈和垫片，将垫圈、垫片依次套上。

⑤用固定螺母套在紧固螺杆上，并拧紧，再用套筒紧固螺母，锁紧即可。

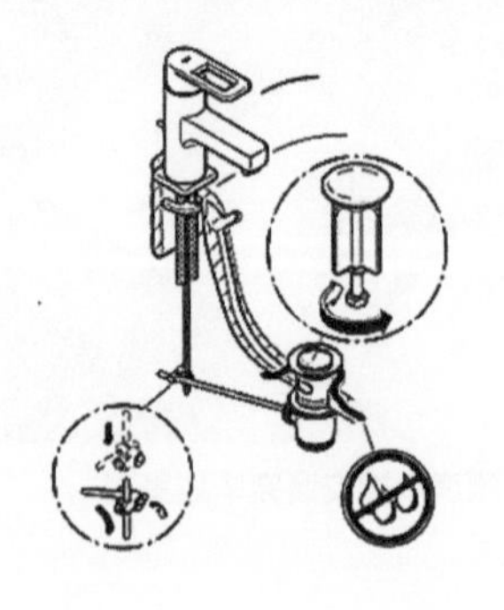

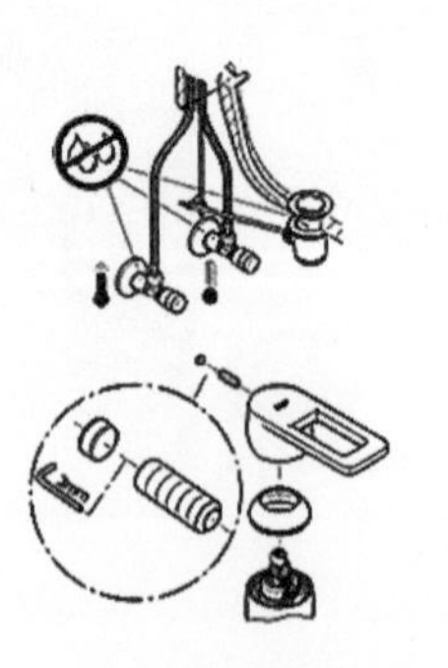

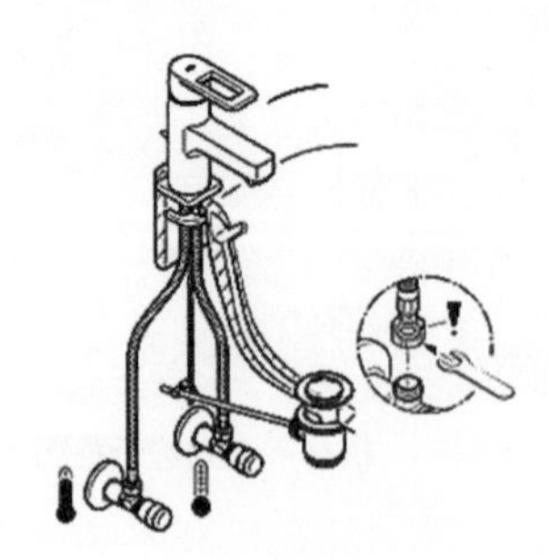

单孔水龙头安装示意

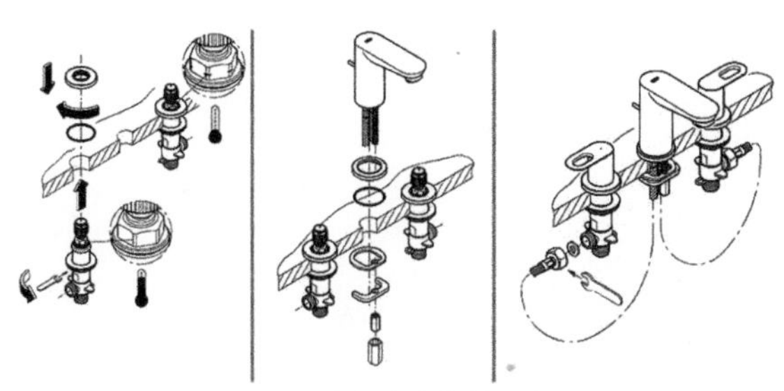

三孔水龙头安装示意

### 3. 台上盆的安装步骤

①安装台上盆前，要先测量好台上盆的尺寸，再把尺寸标注在柜台上，沿着标注的尺寸切割台面板，方便安装台上盆。

②接着把台上盆安放在柜台上，先试装上落水器，使得水能正常冲洗流动，锁住固定。

③安装好落水器后，就沿着盆的边沿涂上玻璃胶，使得台上盆可以固定在柜台面板上面。

④涂上玻璃胶后，将台上盆安放在柜台面板上，然后摆正位置。

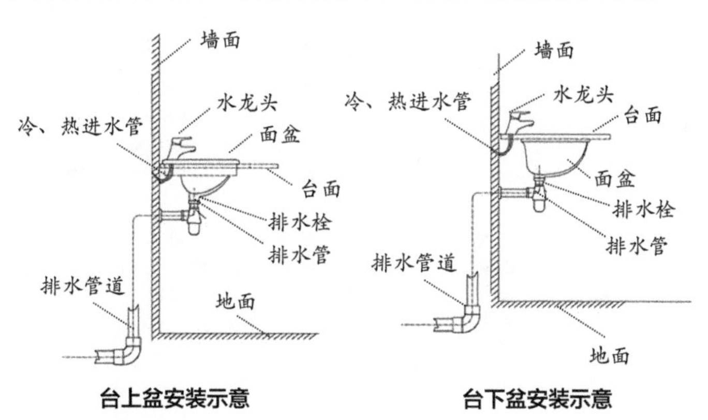


台上盆安装示意　　台下盆安装示意

### 4. 台下盆的安装步骤

台下盆的安装步骤如下所示。

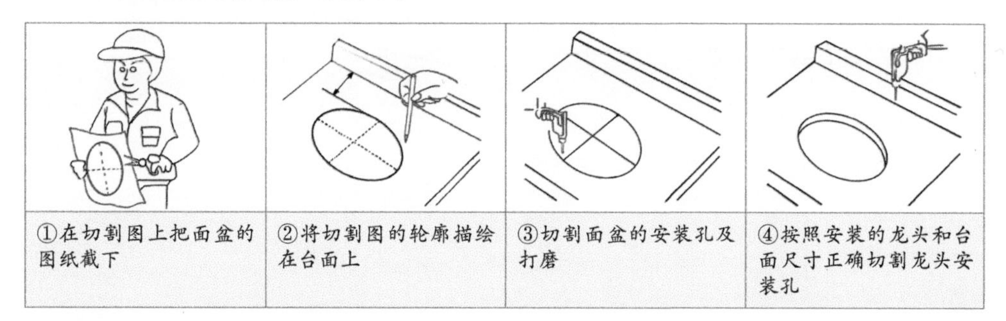

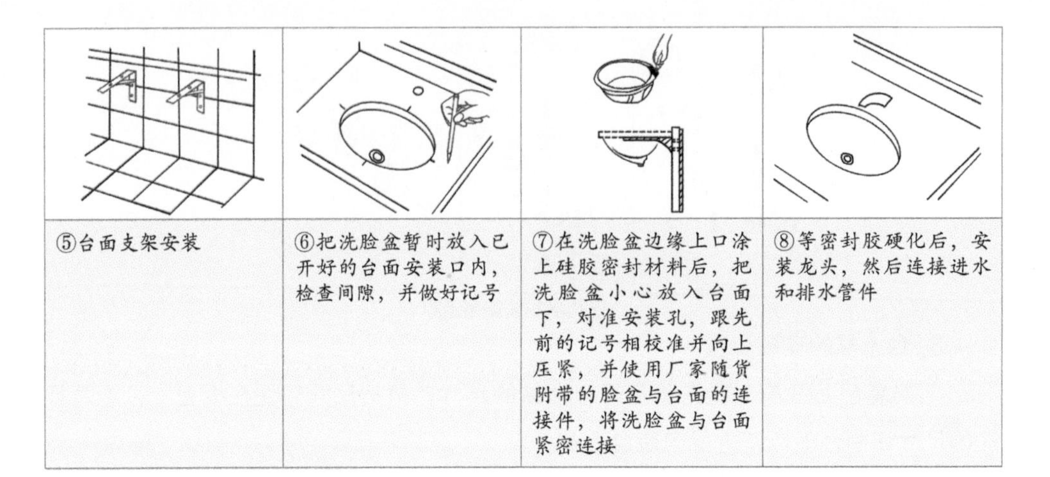

| ⑤台面支架安装 | ⑥把洗脸盆暂时放入已开好的台面安装口内，检查间隙，并做好记号 | ⑦在洗脸盆边缘上口涂上硅胶密封材料后，把洗脸盆小心放入台面下，对准安装孔，跟先前的记号相校准并向上压紧，并使用厂家随货附带的脸盆与台面的连接件，将洗脸盆与台面紧密连接 | ⑧等密封胶硬化后，安装龙头，然后连接进水和排水管件 |
|---|---|---|---|

## 5. 立柱盆的安装步骤

立柱盆的安装步骤如下所示。

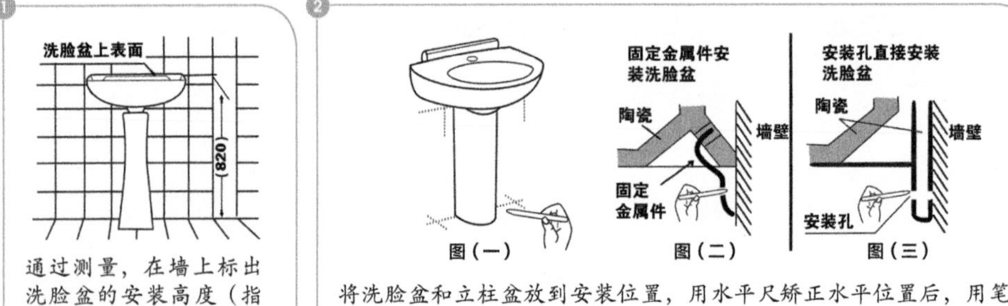


图（一） 图（二） 图（三）

❶ 通过测量，在墙上标出洗脸盆的安装高度（指的是地面到洗脸盆上表面的距离），建议安装高度为820mm

❷ 将洗脸盆和立柱盆放到安装位置，用水平尺矫正水平位置后，用笔在墙上及地上标出立柱在地面上的位置[图（一）]；如果采用固定金属件安装洗脸盆[图（二）]，请标出固定件安装孔位置；如果采用洗脸盆上的安装孔直接安装[图（三）]，请标出陶瓷安装孔位置

❸ 移去洗脸盆和立柱，通过测量确定挂钩安装位置，并用笔在墙上做记号

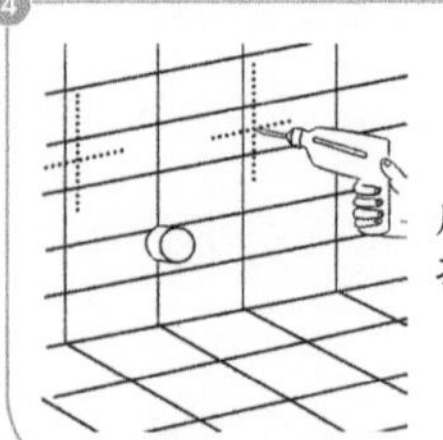

❹ 用冲击钻在做记号处打孔，并安装膨胀管

5

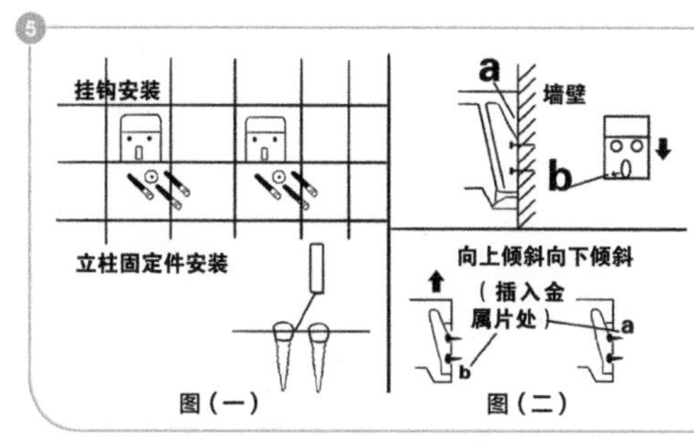


①安装挂钩、立柱固定件；
②安装挂钩时先不要把固定螺丝拧得太紧，此时将盆试挂在挂钩上，根据盆与墙面的垂直情况在图（二）中a和b的地方插入金属片以进行调控（如需要向上倾斜则在b位置插入金属片，向下倾斜则在a位置插入金属片）

6

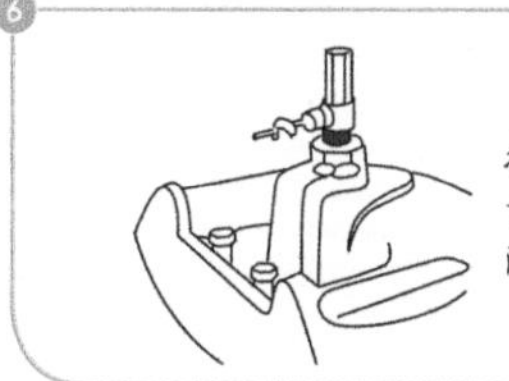

按照说明书上的要求和步骤安装水龙头和排水配件

7

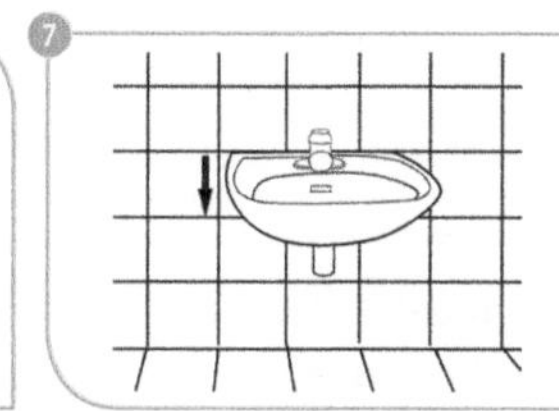

将洗脸盆安装到挂钩上

8

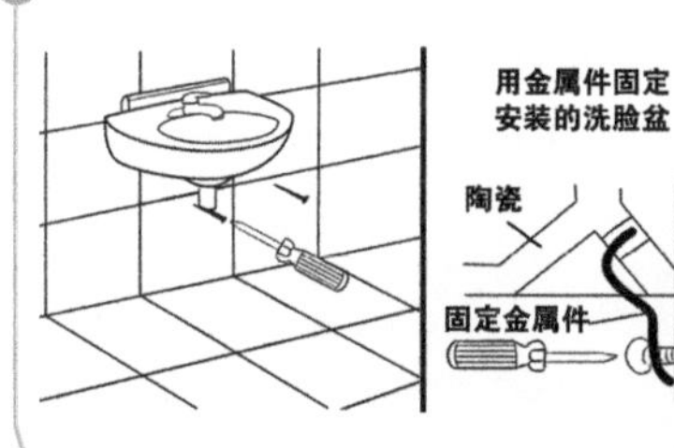

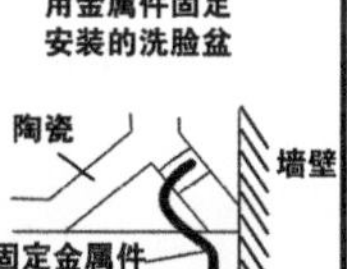


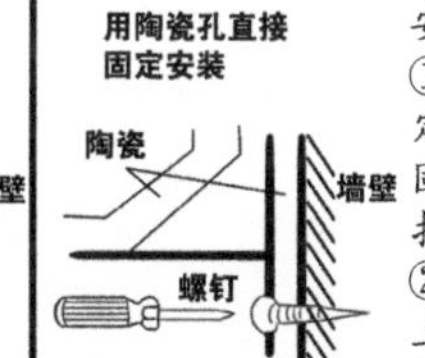


安装洗脸盆固定件：
①采用金属件固定安装的，需套上固定金属件后，在其螺钉安装孔内打入固定螺栓（注意：请将固定金属件紧扣住固定孔的下端面）；
②采用陶瓷孔直接固定安装的，应套上垫片后直接从陶瓷孔内安装上固定螺栓

9

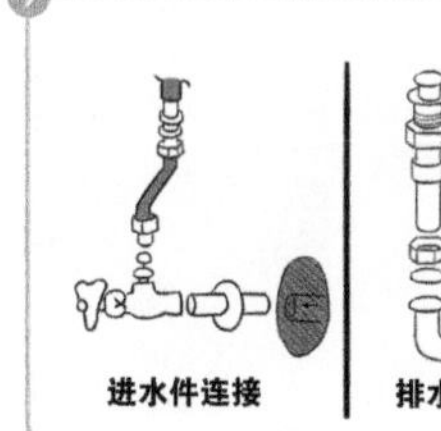


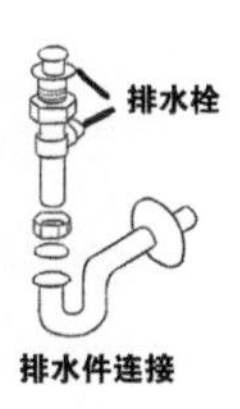


连接进水和排水管件

10

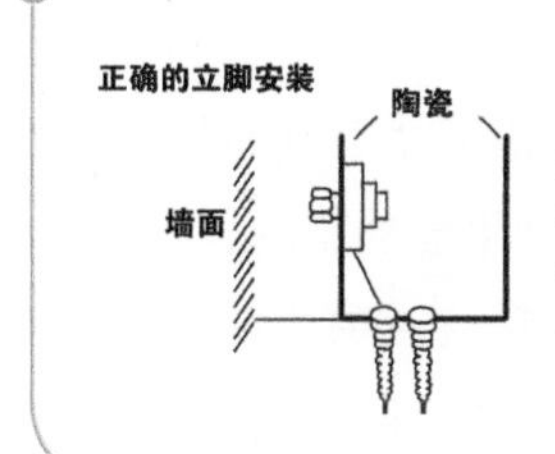


移去洗脸盆和立柱，通过测量确定挂钩安装位置，并用笔在墙上做记号

11

在洗脸盆上口与墙面、立柱脚与地面的接触面之间打上防霉硅胶密封

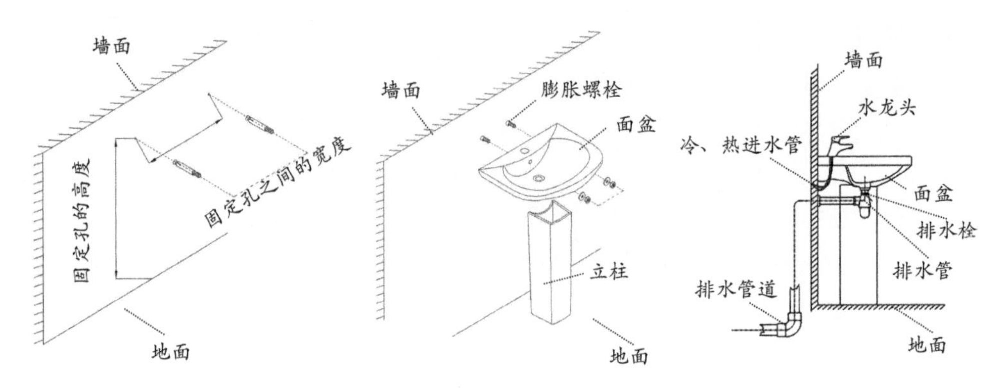


立柱盆安装示意

**操作要点**

a. 排水栓的溢流孔直径不应小于8mm。

b. 面盆和排水栓进行对接时，面盆的溢流孔应该对准排水栓的溢流孔，这样才能保证溢流通畅，而且对接之后的上端面应该要低于面盆的盆底。

c. 托架中的固定螺栓应该采用直径为6mm以上的镀锌膨胀金属螺栓。

d. 若墙体材料为多孔砖，则不能用膨胀螺栓固定托架。

e. 面盆和排水管连接时要牢固结实，方便拆卸，连接处不能有敞开的口子，和墙面进行接触的时候应用硅胶嵌在缝隙中。

## 4.3.7 如何安装蹲便器

蹲便器安装步骤如下。

①根据所安装产品的排污口，在离墙适当的位置预留下水管道，同时确定下水管道入口距地平面的距离。

②将连接胶塞放入蹲便器的进水孔内卡紧。在与蹲便器进水孔接触的外边缘涂上一层玻璃胶或油灰，将进水管插入胶塞进水孔内，使其与胶塞密封良好，以防漏水。

蹲便器安装效果图

③在蹲便器的出水口边缘涂上一层玻璃胶或油灰，放入下水管道的入口旋合，用焦渣或其他填充物将便器架设水平。

④打开进水系统，检查各接合处有无漏水情况，若出现漏水，则要检查各接合处的情况，直至问题解决。

⑤检查各接合处无漏水情况后，用填充物将便器周围填实，同时陶瓷与水泥砂

浆的接触面填上 1cm 以上的沥青或油毡等弹性材料。

⑥用水泥砂浆将蹲便器固定在水平面内，平稳、牢固后，再在水泥面上铺贴卫生间地砖。

**操作要点**

a. 与蹲便器配合安装的冲水阀分为手压式冲水阀和脚踏式冲水阀。
b. 蹲便器所有与混凝土接触的部分要填上沥青或油毡等弹性材料，避免因水泥膨胀导致便器破裂。
c. 安装和使用时避免猛力撞击。

## 4.3.8 如何安装坐便器

坐便器安装步骤如下。

①根据坐便器的尺寸，把多余的下水口管道裁切掉，一定要保证排污管高出地面 10mm 左右。

切割多余下水管口

②确认墙面到排污孔中心的距离，确定与马桶的坑距一致，同时确认排污管中心位置并画上十字线。

③翻转坐便器，在排污口上确定中心位置并画出十字线，或者直接画出坐便器的安装位置。

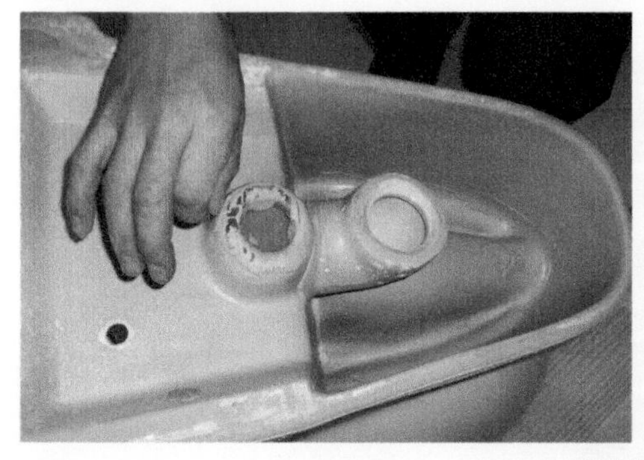

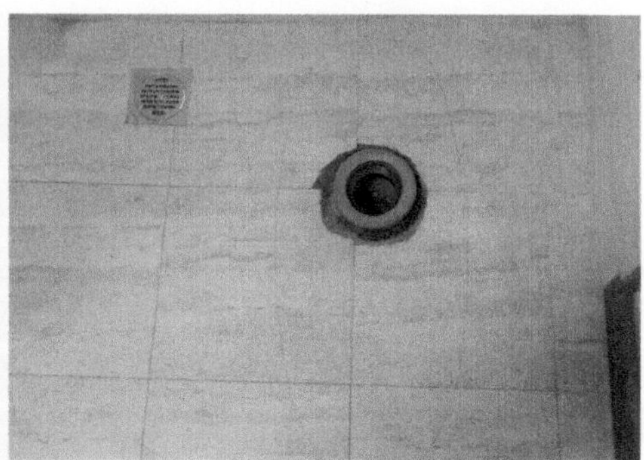

确定排污口

④确定坐便器底部安装位置，将坐便器下水口的十字线与地面排污口的十字线对准，保持坐便器水平，用力压紧法兰（没有法兰要涂抹专用密封胶）。

⑤将坐便盖安装到坐便器上，保持坐便器与墙间隙均匀，平稳端正地摆好。

把法兰套到坐便排污管上

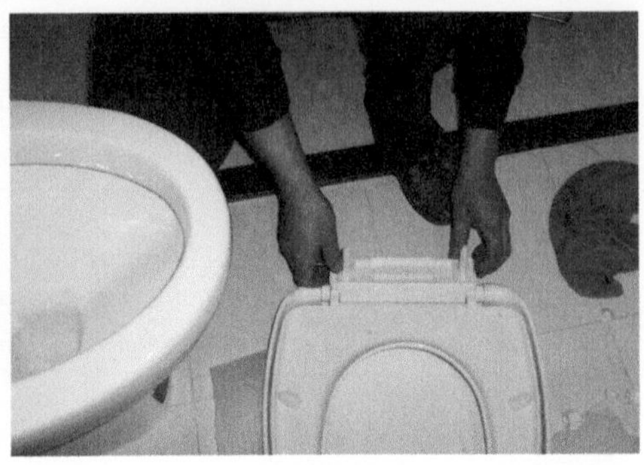

安装坐便盖

⑥坐便器与地表面交会处，用透明密封胶封住，可以把卫生间局部积水挡在坐便器的外围。

给坐便器周围打胶

⑦先检查自来水管，放水 3 ~ 5min 冲洗管道，以保证自来水管的清洁，之后安装角阀和连接软管，将软管与水箱进水阀连接并按通水源，检查进水阀进水及密封是否正常，检查排水阀安装位置是否灵活、有无卡阻及渗漏，检查有无漏装进水阀过滤装置。

⑧安装坐便器后，应等到玻璃胶固化方可放水使用，固化时间一般为 24 小时。

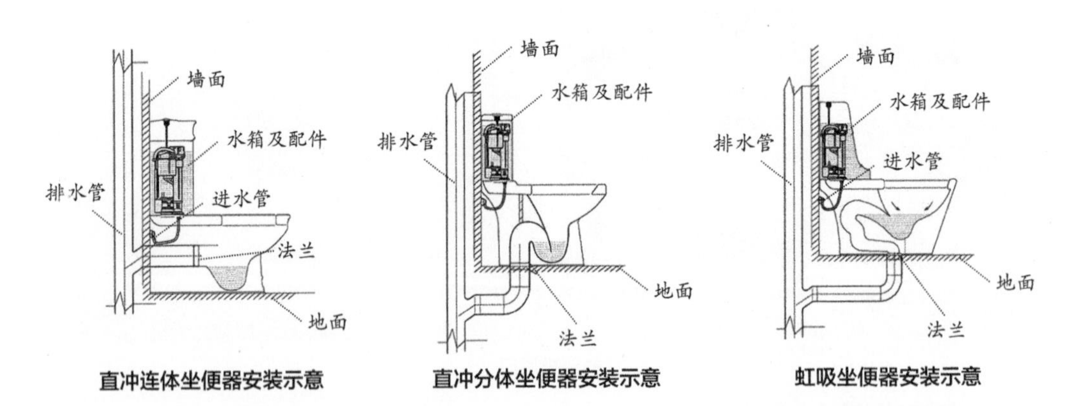


直冲连体坐便器安装示意　　直冲分体坐便器安装示意　　虹吸坐便器安装示意

**操作要点**

a. 在开始安装坐便器的水箱之前，应先放水 3 ~ 5min 冲洗给水管道，将管道内的杂质冲洗干净之后再安装角阀和连接软管，避免损坏角阀和软管等配件。

b. 安装坐便器时，底部可用密封胶和水泥砂浆混合物密封，但不能单独用水泥，这样会导致开裂。

c. 给水管安装角阀的高度一般为 250mm( 从地面到角阀中心）。

d. 低水箱坐便器的水箱应用镀锌开脚螺栓或采用镀锌金属膨胀螺栓来固定。

## 4.3.9 如何安装智能坐便盖

智能坐便盖的安装步骤如下所示。

### 1. 安装分流水阀

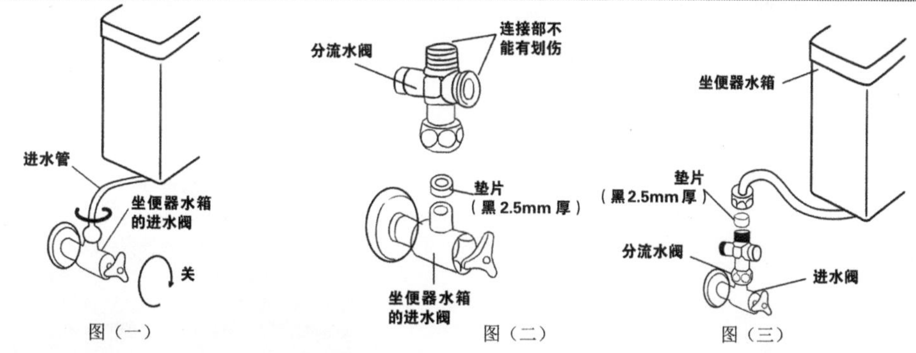


图（一）　图（二）　图（三）

①先关闭坐便器水箱的进水阀，放空水箱里的水，然后拆除通向水箱的进水管 [ 图（一）];
②如图所示，将分流水阀安装在坐便器水箱的进水阀上 [ 图（二）];
③将水箱原进水管安装在分流水阀上 [ 图（三）];

### 2. 安装本体

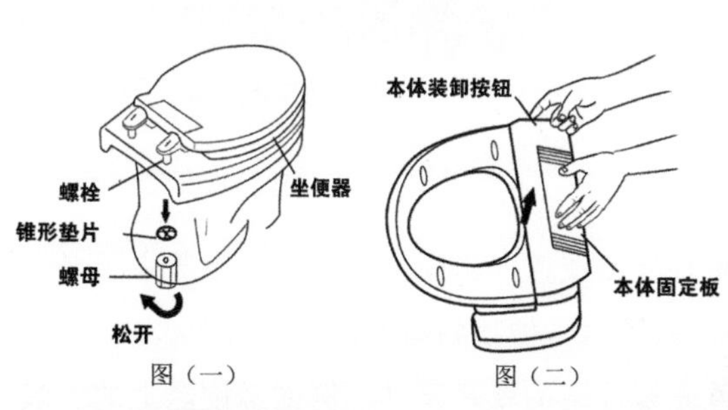


图（一）　图（二）

①用活动扳手等拧开螺母，取下锥形垫片和螺栓，然后拆除坐便盖 [ 图（一）];
②从本体底部拆下固定板。即按下本体装卸按钮的同时向上提起本体固定板 [ 图（二）];
③固定板安装时，从螺栓上卸下螺母、塑料垫片和锥形垫片，将螺栓与固定件从本体固定板的开口处插入，再插入防滑垫片，然后将本体固定板安装在坐便器上，套上锥形垫片和塑料垫片，用螺母拧紧。
④将本体安装在本体固定板上。安装时注意不要将导线卡入，安装后可以上抬本体，确认是否安装固定（由于本体可以从便器上脱卸，有可能会产生一点松动，并非故障）。

### 3. 安装进水软管

①安装进水软管一端到分流水阀的连接部。
a. 确认进水软管一端○形圈部没有灰尘附着后，将软管笔直插入分流水阀的连接部。
b. 将快速管卡插入进水软管和分流水阀的连接部，注意要插到底。
c. 将快速管卡帽的方向切实套入快速管卡的两翼上。
②安装进水软管另一端到本体侧连接部，方法同①。

## 4. 调整进水阀

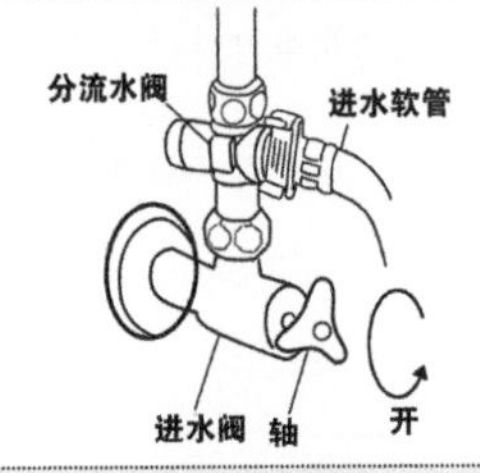


①确认各接口处是否连接完成。
②确认进水管的进水阀和分流水阀的进水阀是否处于“开”的状态（分流水阀的进水阀在出厂时即为“开”的状态）。
③如果不打开进水阀，会发生不出水或出水小的问题。

## 5. 安装缓冲垫

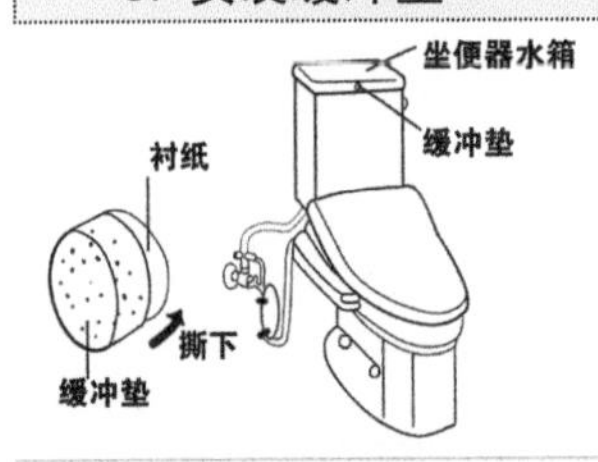


坐便盖自动打开时会撞上坐便器水箱，应如左图所示粘贴上缓冲垫，粘贴前需拭去便器水箱上待粘贴部位的污渍、水分等。

**操作要点**

a. 智能坐便盖安装时注意连体坐便器的进水口、出水口与墙壁间的距离，固定螺栓打孔的位置均不得有水管、电线经过。
b. 智能坐便盖不适合安装在不常住人的房子中，因为容易产生细菌。
c. 智能坐便盖需要单独带开关插座，并远离淋浴区。
d. 安装完成后插上电源，不要坐上去，按“清洗按钮”或“女用”按钮，此时智能坐便盖会开始往水箱内注水，约 2min 水箱内注满水，此时洁身器会发出提示音。核对说明书查看各项功能是否能够正常使用。

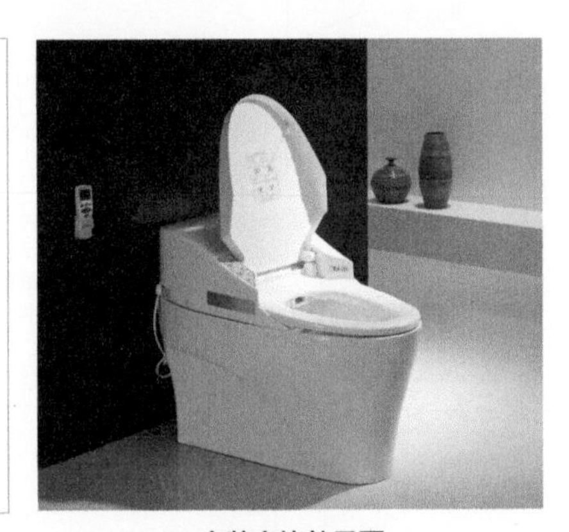

安装完毕效果图

### 智能坐便盖的选购

①并不是所有的坐便器都适合安装智能坐便盖，市面上的智能坐便盖主要是椭圆形的，如果家里买的是方形的坐便器，就不太方便找到与之相配的款式。

②选择安装智能坐便盖的时候，首先要注意的就是尺寸，例如坐便器上的安装孔与坐圈的距离一般情况下小于 7cm，两个安装孔之间的距离为 15cm 左右，如果孔距不符合，就会安装不上。

## 4.3.10 如何安装淋浴器

淋浴器的安装步骤如下：

①关闭总阀门，将墙面上预留的冷、热进水管的堵头取下，打开阀门放出水管内的污水。

②将冷、热水阀门对应的弯头涂抹铅油，缠上生料带，与墙上预留的冷、热水管头对接，用扳手拧紧。

③将淋浴器阀门上的冷、热进水口与已经安装在墙面上的弯头试接，若接口吻合，把弯头的装饰盖安装在弯头上并拧紧，再将淋浴器阀门与墙面的弯头对齐后拧紧，扳动阀门，测试安装是否正确。

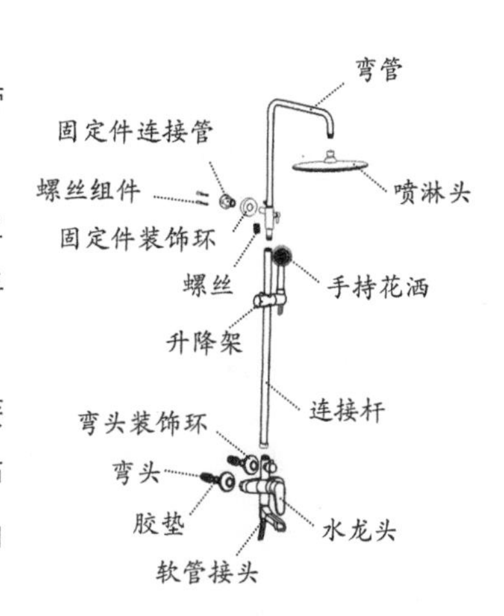

淋浴器配件结构

④将组装好的淋浴器连接杆放置到阀门预留的接口上，使其垂直直立。

⑤将连接杆的墙面固定件放在连接杆上部的适合位置上，用铅笔标注出将要安装螺丝的位置，在墙上的标记处用冲击钻打孔，安装膨胀塞。

⑥将固定件上的孔与墙面打的孔对齐，用螺丝固定住，将淋浴器上连接杆的下方在阀门上拧紧，上部卡进已经安装在墙面上的固定件上。

⑦弯管的管口缠上生料带，固定喷淋头。

⑧安装手持喷头的连接软管。

⑨安装完毕后，拆下起泡器、花洒等易堵塞配件，让水流出，将水管中的杂质完全清除后再装回。

安装示意图（一）

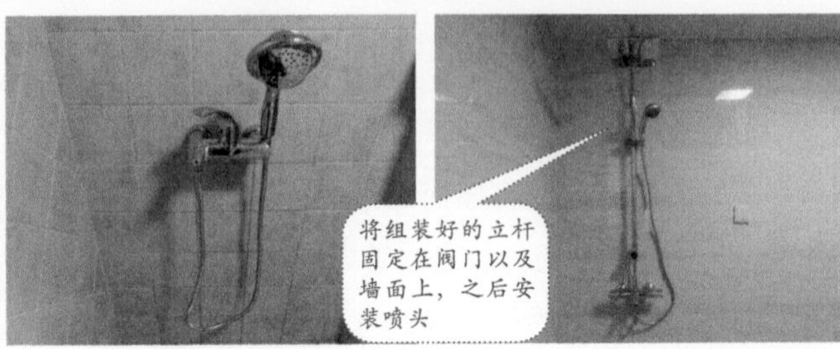


安装示意图（二）

**操作要点**

a. 安装淋浴器之前一定要确定好安装的高度，并做好标记，然后再进行打孔，不能随便确定安装位置。
b. 给淋浴器预留的冷、热水接口，安装时要调正角度。可以先购买淋浴器，在贴瓷砖前把花洒拧上，看一下是否合适。
c. 一般来说，淋浴器的花洒和水龙头是配套安装使用的，水龙头距离地面 70 ~ 80cm，淋浴柱高为 1.1m，水龙头与淋浴柱接头长度为 10 ~ 20cm，花洒距地面高度为 2.1 ~ 2.2m。
d. 安装淋浴器上圆形底盖的时候，一定要拧紧螺丝，否则容易导致花洒脱落，非常不安全。

**淋浴器的选购**

①看材质。不同的材质有着不同的质量和使用效果，淋浴器主要有塑料、不锈钢和铜质三种材质，塑料淋浴器最便宜，但不耐用，容易出现裂痕、积藏细菌和污垢。不锈钢的比铜质淋浴器便宜些，但铜质淋浴器更加时尚大方。

②看出水方式。出水方式直接影响着洗浴的感受，对于以往的一般式、强束式而言，三段式按摩淋浴头更受欢迎。

③看自洁效果。出水孔有不锈钢、塑料和橡胶等几种，其中橡胶质地的更易清洁，不易生水垢，清洁最方便，用手、布擦洗皆可。

④看喷射效果。使用淋浴喷头时最重要的是喷射效果，从外表很难看出来，可以要求现场演示一下，观察其喷射效果，看出水是否均匀，喷射范围是否合适。

⑤看阀芯。阀芯是主要的内部配件，影响淋浴喷头的使用感受和使用寿命，好的阀芯还能起到节水的作用。好的淋浴喷头一般采用陶瓷阀芯，挑选时可扭动开关，手感舒适顺滑为佳。

⑥看表面镀层。淋浴喷头镀层的好坏，除了影响质量和使用寿命外，还影响平时的清理卫生。好的镀层能在 150℃高温下保持 1 小时，不起泡，不起皱。光亮平滑的淋浴喷头一般镀层均匀，质量较好。

## 4.3.11 如何安装浴缸

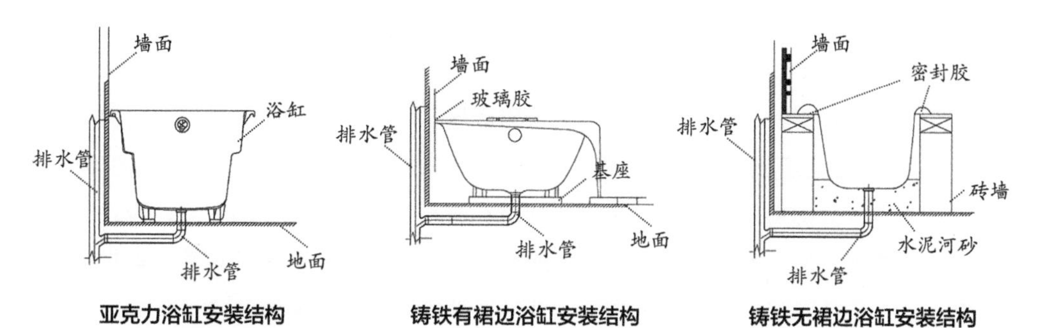


浴缸的安装步骤如下。

①把浴缸抬进浴室，放在下水的位置，用水平尺检查水平度，若不平可通过浴缸下的几个底座来调整水平度。

②将浴缸上的排水管塞进排水口内，多余的缝隙用密封胶填充上。

③将浴缸上面的阀门与软管按照说明书示意连接起来，对接软管与墙面预留的冷、 热水管的管路及角阀，用扳手拧紧。

④拧开控水角阀，检查有无漏水。

⑤安装手持花洒和去水堵头。

⑥测试浴缸的各项性能，没有问题后将浴缸放到预装位置，与墙面靠紧。

⑦用玻璃胶将浴缸与墙面之间的缝隙密封。

**操作要点**

a. 安装带有裙板的浴缸时，裙板底部应紧贴地面，楼板在排水处应预留 250 ~ 300mm 的孔洞，便于排水安装。

b. 内嵌式的无裙浴缸，安装时根据有关规定确定浴缸上平面高度，再将底部填装基座材质，如水泥河砂等。

c. 检查浴缸水平、前后、左右位置是否合适，检查排水设施是否合适，要安装稳固，安装过程中对浴缸及下水设施采取防脏、防磕碰、防堵塞的保护措施，角磨机、点焊机的火花不要溅到浴缸上面，否则会对釉面造成损伤，影响浴缸美观。

d. 各种浴缸的水龙头应至少高出浴缸上平面 150mm。

e. 按摩浴缸安装必须设置接地线和漏电保护开关，安装时注意将电插头接好后，在接垫板周围做好防水，避免发生漏电事故。连接水管前要做电动机的通电试验，试听其声音是否符合要求。

**浴缸的选购**

①首先看光泽度，这样可以了解材质的优劣。然后，摸表面的光滑度，这适用于钢板和铸铁浴缸，因为这两种浴缸都采用搪瓷工艺，工艺不好会出现细微的波纹。

②然后通过手按、脚踩的方式来检验坚固度。浴缸的坚固度关系到材料的质量和厚度，目测是看不出来的，需要亲自试一试，比如站进去，看看是否有下沉的感觉。

③最后，仔细检查一下内外有没有缺口和裂痕，如果是微小的瑕疵，可以通过修补细缝或表面涂装的方式来弥补，但是严重的瑕疵、裂痕则无药可救。若想在浴缸之上加设花洒，那么在浴缸内需要站着淋浴地方的缸壁要平整及稍呈正方形，这样淋浴会较方便及安全，也可以选择表面经防滑处理的款式。

④选择浴缸时必须了解不同材质的特点，一个好浴缸的必要条件是功能齐全、易于清洁和坚固耐用等。

# 第五章

# 电路改造必备技能

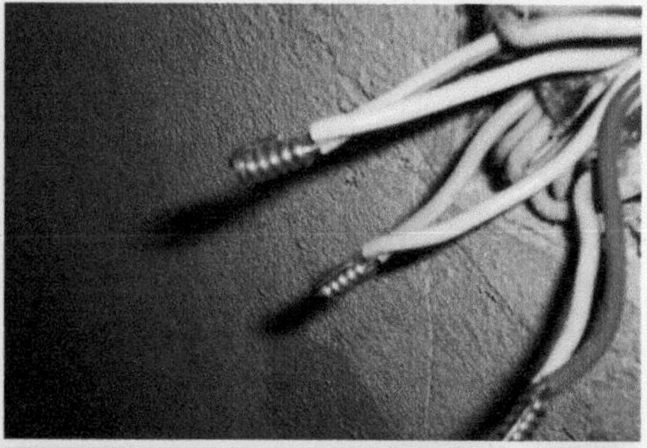
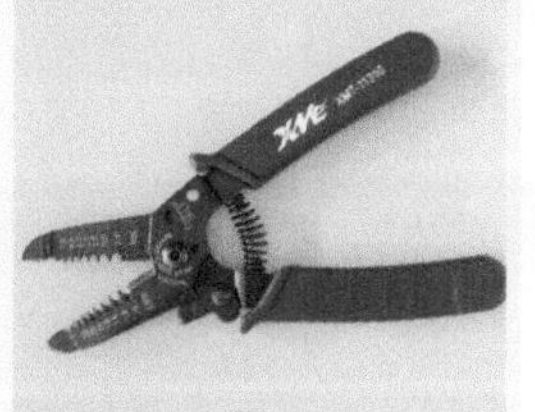
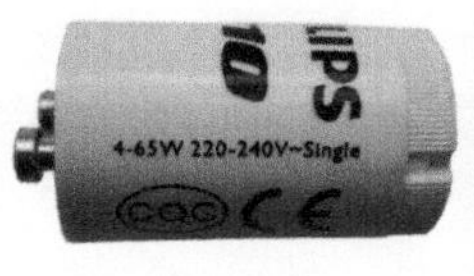

# 5.1 电路管线施工工艺流程

电路管线施工工艺可分为以下六步。

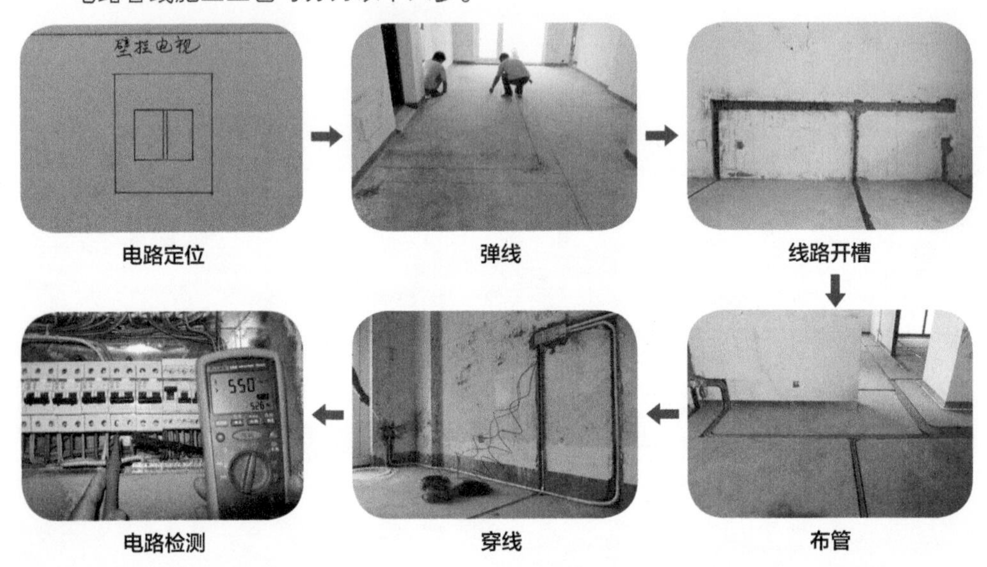


## 5.1.1 电路定位

定位要求如下：

①施工前需明确每个房间家具的摆放位置、开关插座的数量，以及是否需要每个卧室都接入网线及电视线，从而考虑布管引线的走向和分布。

②明确各空间的灯具开关类型，是单

> **Tips**
>
> a. 如果床头采用台灯，考虑插座的位置是在床头柜上还是床头柜后面。
> b. 如果使用音响，需要明确其类型、安装方式、方位，需要自己布线还是厂家布线。
> c. 如果安装电话，需要明确是否安装子母机及其位置。

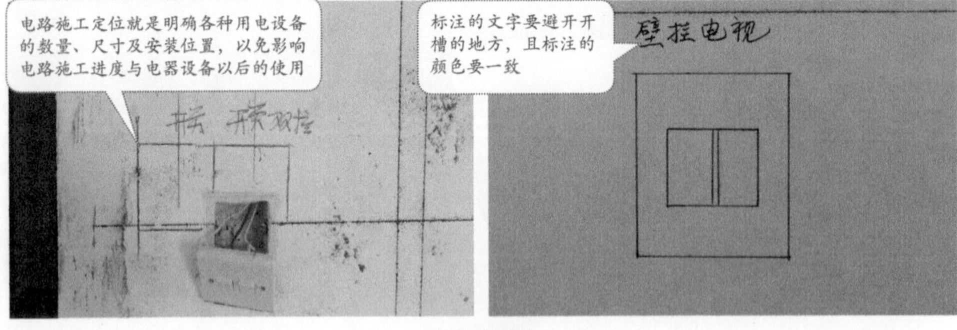


定位示意图

控、双控还是多控；明确顶面、墙面、柜内的灯具数量、类型及分布情况，考虑有无特殊的电路施工要求。

③需要放在桌子上的电器，其插座的位置要将底座考虑进去。

④定位后，根据电线的走向，用墨斗线将电源、插座、配电箱的位置连接起来，便于开槽。

Tips

a. 定位空调时，需要考虑采用的插座是单相还是三相。
b. 定位热水器时，应清楚是燃气热水器、太阳能热水器还是电热水器。
c. 定位厨房插座时，需要了解橱柜的结构。
d. 定位整体浴室时，应结合所使用产品的说明和要求完成。

## 5.1.2 弹线

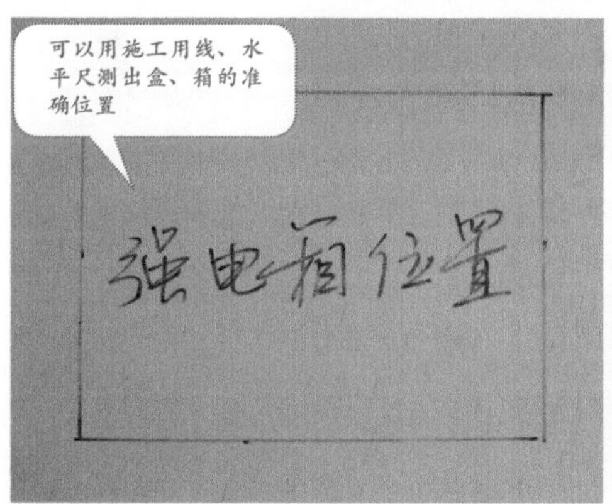


强电箱画线定位

灯头盒画线定位

弱电线路放样弹线

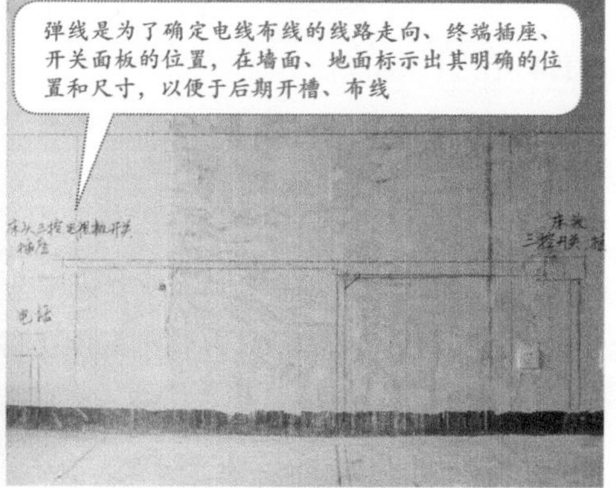


强电线路放样弹线

## 5.1.3 线路开槽

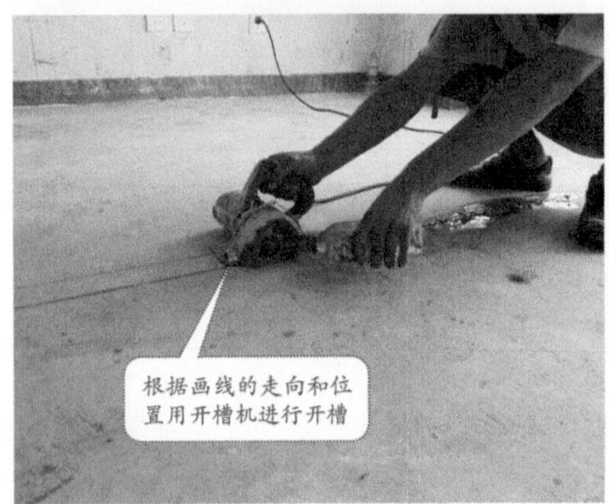

开槽示意图

## 5.1.4 布管

### 1.PVC 电工套管

PVC 管是家装中使用最多的套管类型，具有配管方便、节省钢材的特点，可暗埋也可明装，物理性能优良，同时还具有非常好的绝缘性和抗压、抗冲击性。PVC 电工套管的主要作用是保护电线免遭腐蚀，如果将电线直接埋在墙内，水泥内的成分会导致电线皮逐渐碱化而易破损，进而可能发生漏电甚至火灾。

PVC 电工套管管件

## 2. 电路布管要求

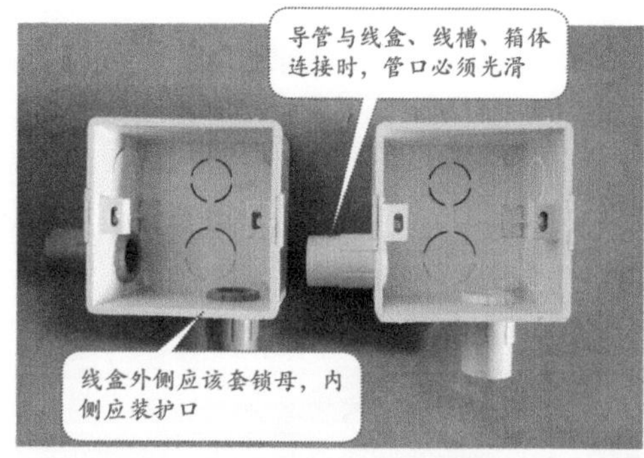


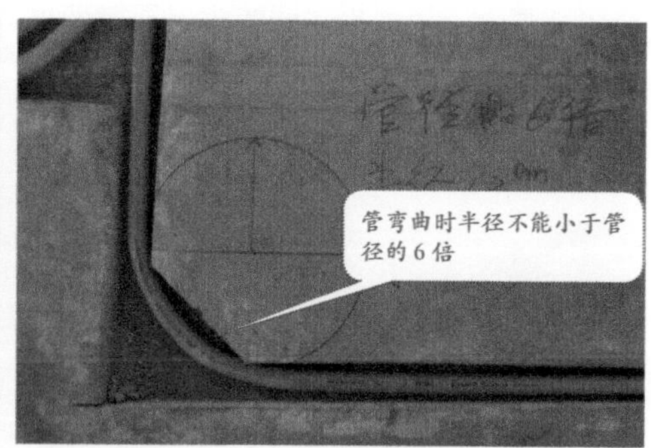

布管示意

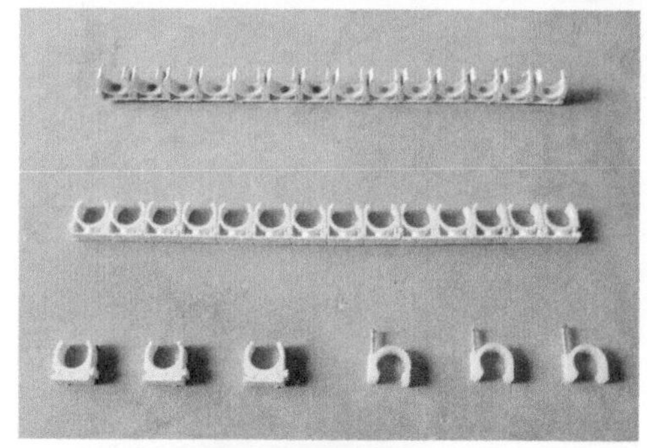

管夹及可组装管夹

> **Tips**
>
> a. 电线管道距燃气管：平行净距不小于 0.3m，交叉净距不小于 0.2m。
> b. 电线管道距热力管：有保温层，平行净距不小于 0.5m，交叉净距不小于 0.3m；无保温层，平行净距不小于 0.5m，交叉净距不小于 0.5m。
> c. 电线管道距电气线缆导管：平行敷设时不小于 0.3m，交叉时保持垂直交叉。

## 3.PVC 管的弯管方法

PVC 管的弯管方法分为冷煨法和热煨法两种。

### （1）冷煨法（管径≤ 25mm 时使用）

①断管：小管径可使用剪管器，大管径可使用钢锯断管，断口应锉平、铣光。

②煨弯：将弯管弹簧插入 PVC 管内需要煨弯处，两手抓牢管子两头，将 PVC 管顶在膝盖上，用手扳，逐步煨出所需弯度，然后抽出弯管弹簧。

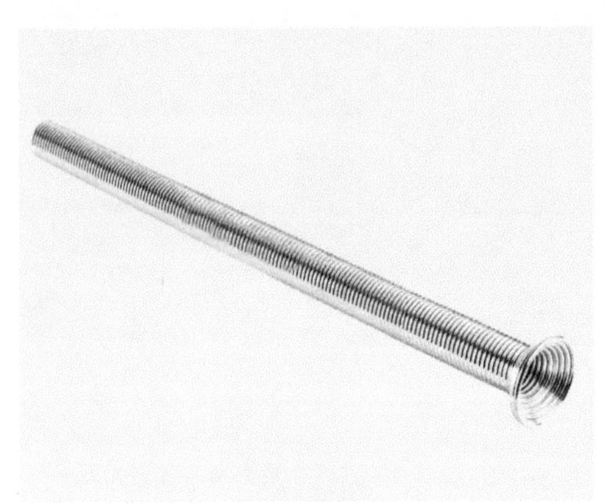
弯管弹簧

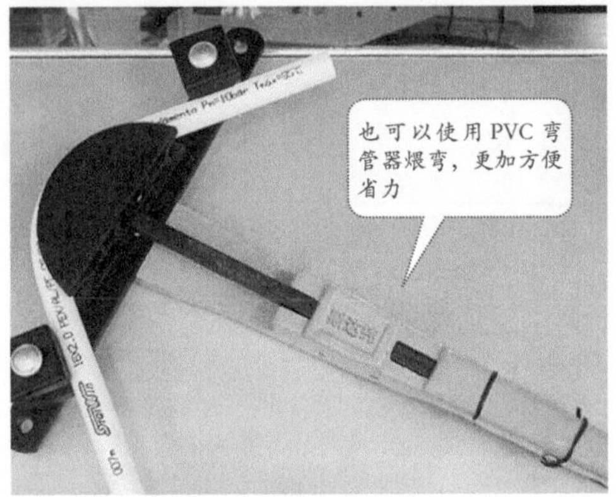

PVC 弯管器

**（2）热煨法（管径＞ 25mm 时使用）**

①首先将弯管弹簧插入管内，用电炉或热风机对需要弯曲部位进行均匀加热，直到可以弯曲时为止。

②将管子的一端固定在平整的木板上，逐步煨出所需要的弯度，然后用湿布抹擦弯曲部位使其冷却定型。

Tips

a. 对规格较大的管路，没有配套的弯管弹簧时，可以把细砂灌入管内并振实，堵好两端管口。
b. 弯管时若是寒冷天气，可以把细砂炒热并把管路拿到室内预制。

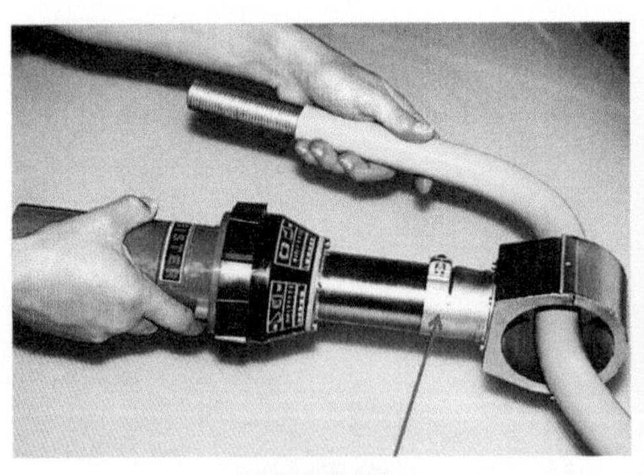
加热弯曲部位

弯管成品

## 4.PVC 电线管路的连接方法

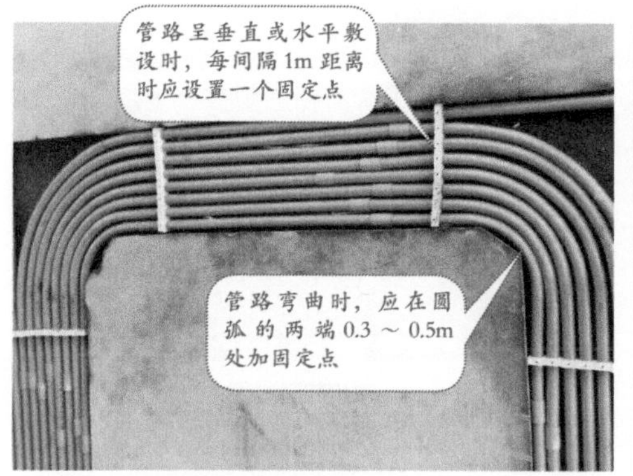


PVC 线管固定示意

管路进盒、进箱时，一孔穿一管。先接端部接头，然后用内锁母固定在盒、箱上，再在孔上用顶帽型护口堵好管口，最后用泡沫塑料块堵好盒口

PVC 线管连接暗盒

胶黏剂连接后 1 min 内不要移动，牢固后才能移动

连接可以用小刷子粘上配套的 PVC 胶黏剂，均匀地涂抹在管子的外壁上，然后将管体插入直接接头，到达合适的位置，另一根管道做同样处理

PVC 线管连接示意

PVC 胶黏剂（图中用了胶粘剂）

## 5.1.5 穿线

### 1. 穿线操作

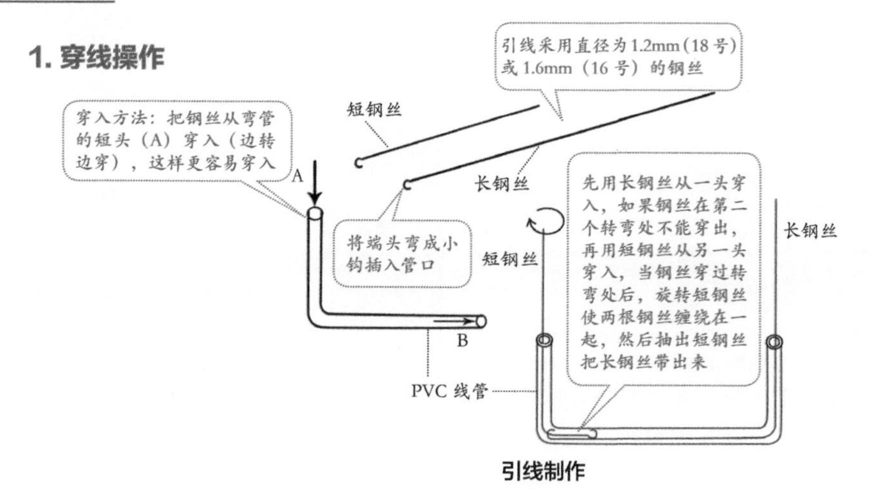


引线制作

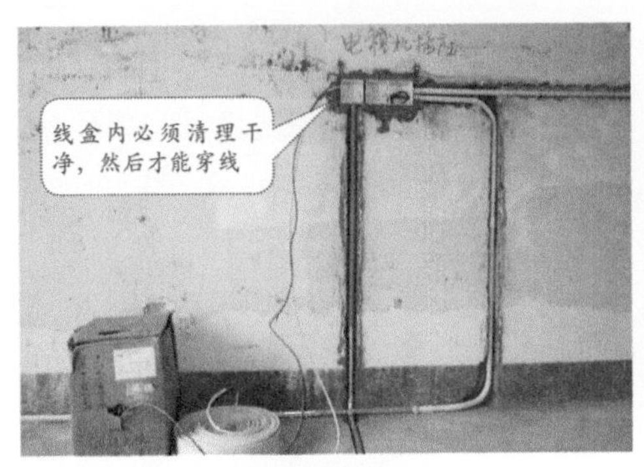


弱电穿线管拉线

强电穿线管拉线

### 2. 走线要求和规范

①强电与弱点交叉时，强电在上，弱电在下，横平竖直。

②一般情况下，照明用 1.5mm² 电线，空调挂机插座用 2.5mm² 电线，空调柜机用 4mm² 电线，进户线为 10mm²。

③电线颜色应正确选择，三线制必须用三种不同颜色的电线。一般红、绿双色为火线色标。蓝色为零线色标，黄色或黄绿双色线为接地线色标。

强弱电交叉处理



照明线



空调挂机插座线

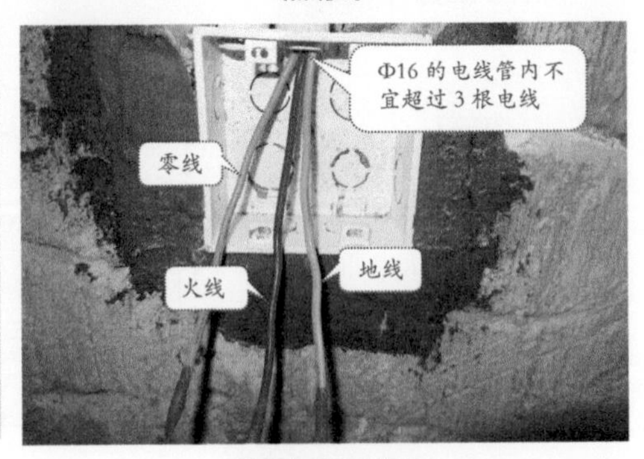


强弱电交叉处理

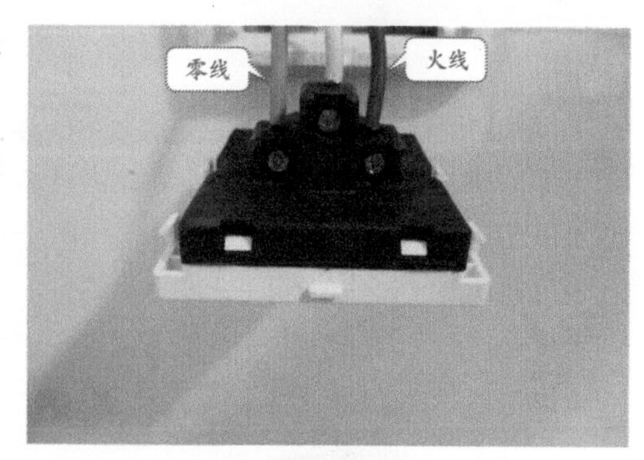

插座连线

④同一回路电线需要穿入同一根线管中，但管内总电线数量不宜超过8 根，一般情况下 Φ16 的电线管不宜超过 3 根电线，Φ20 的电线管不宜超过 4 根电线。

⑤电线总截面面积（包括外皮）不应超过管内截面面积的 40%。

⑥强电与弱电不应穿入同一根管线内。

⑦电源线插座与电视线插座的水平间距不应小于 50mm。

⑧接电源插座的连线时，面向插座的左侧应接零线，右侧应接火线，中间上方应接接地线。

⑨空调、浴霸、电热水器、冰箱的线路需从强电箱中单独引至安装位置。

⑩所有导线安装必须穿入相应的 PVC 管中，且在管内的线不能有接头，穿入管内的导线接头应设在接线盒中，导线预留长度不宜超过 15cm，接头搭接要牢固，用绝缘带包缠，要均匀紧密。所有导线分布到位并确认无误后即可进行通电测试。

## 5.1.6 电路检测

同水路一样，电路改造强电线头连接完毕，弱电线布线到位之后，要对电路进行检测。用到的工具主要有万用表、兆欧表等。

### 1. 万用表

#### （1）万用表简介

万用表是电工不可缺少的测量仪表，通常用来测量电压、电流和电阻。在家庭装修中主要是检测开关、线路以及检验绝缘性能是否正常。万用表按显示方式分为指针万用表和数字万用表。

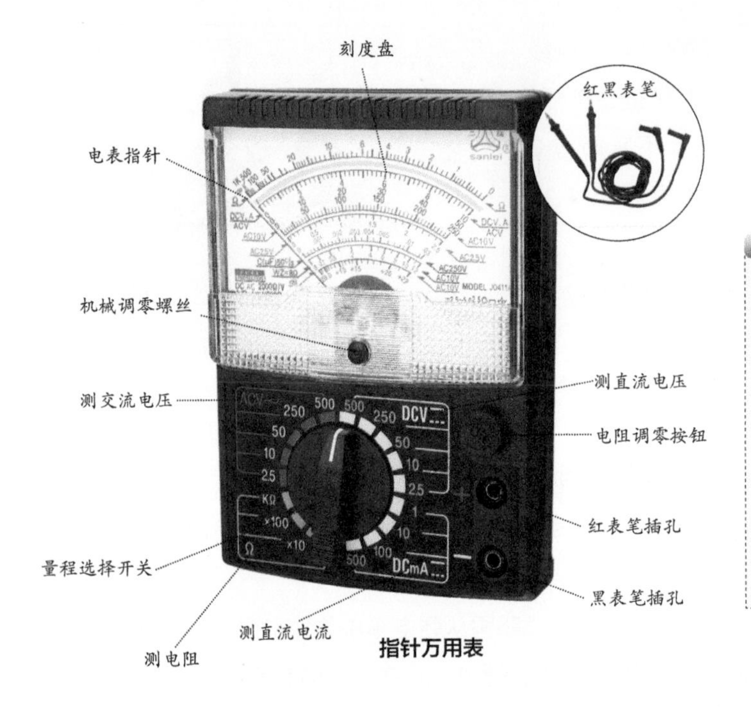

指针万用表

**Tips**

指针万用表的刻度盘上共有七条刻度线，从上往下分别是：**电阻刻度线、电压电流刻度线、10V电压刻度线、晶体管β值刻度线、电容刻度线、电感刻度线及电平刻度线。**

**操作要点**

a. 红色表笔接到红色接线柱或标有“+”极的插孔内，黑色表笔接到黑色接线柱或标有“−”极的插孔内。

b. 把量程选择开关旋转到相应的挡位与量程。

c. 两表笔不接触断开，看指针是否位于“∞”刻度线上，如果不位于“∞”刻度线上，需要调整。

d. 将两支表笔互相碰触短接，观察0刻度线，表针如果不在0位，需要机械调零。

e. 选择合适的量程挡位即可开始测量数据。

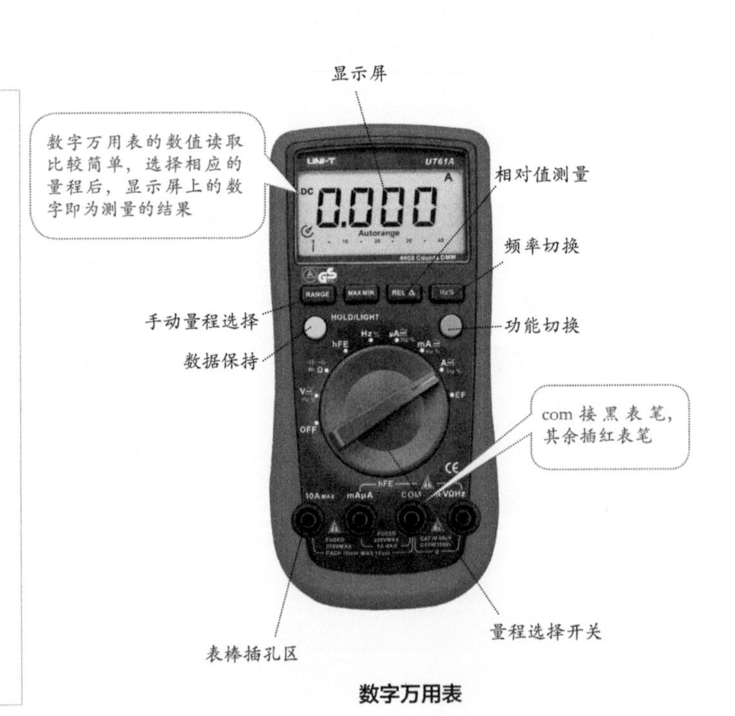

数字万用表

### （2）指针万用表数据的测量与读取

指针万用表各种数据的测量方法见下表。

| 名称 | 内容 |
| --- | --- |
| 交流电压的测量 | 开关旋转到交流电压挡位，把万用表并联在被测电路中，若不知被测电压的大概数值，需将开关旋转至交流电压最高量程上进行试探，然后根据情况调挡 |
| 直流电压的测量 | 进行机械调零，选择直流量程挡位。将万用表并联在被测电路中，注意正负极，测量时断开被测支路，将万用表红、黑表笔串接在被断开的两点之间。若不知被测电压的极性及数值，需将开关旋转至直流电压最高量程上进行试探，然后根据情况调挡 |
| 直流电流的测量 | 旋转开关选择好量程，根据电路的极性把万用表串联在被测电路中 |
| 电阻的测量 | 把开关旋转到 Ω 挡位，将两根表笔短接进行调零，随后即可进行测量 |

交流、直流标度尺的读取：根据所选择的挡位，指针所指示的数字乘以相应的倍率就是测量出的数据，当表针位于两个刻度间的某个位置时，应将两个刻度的距离等分，估算数据。

电阻（单位为 Ω）标度尺的读取：根据选择的挡位乘以相应的倍率，即数值 × 挡位。电阻标度尺的刻度为非均匀刻度，即越向左数值越小，反之越大，当指针位于两个刻度间的某个位置时，需要根据左边与右边刻度缩小或扩大的趋势来估算数值。

> **Tips**
>
> a. 万用表在使用时，必须水平放置，以免造成误差。在使用万用表过程中，不能用手去接触表笔的金属部分，这样既可以保证测量的准确性，又可以保证人身安全。
>
> b. 在测量时换挡，会使万用表毁坏。如需换挡，应先断开表笔，换挡后再测量。
>
> c. 测大电流、大电压需要根据万用表的特点来选择红表笔所要插入的挡位。

## 2. 兆欧表

### （1）兆欧表简介

兆欧表是电工常用的一种测量工具，因为大多采用手摇发动机供电，故又称摇表。它主要用来检查电气设备的绝缘电阻，如电动机、电器线路的绝缘电阻，判断设备或线路有无漏电，判断是否有绝缘损坏或短路现象。

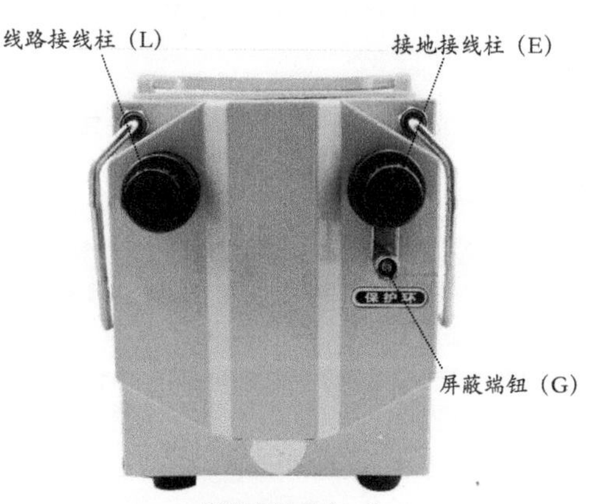


兆欧表结构（一）

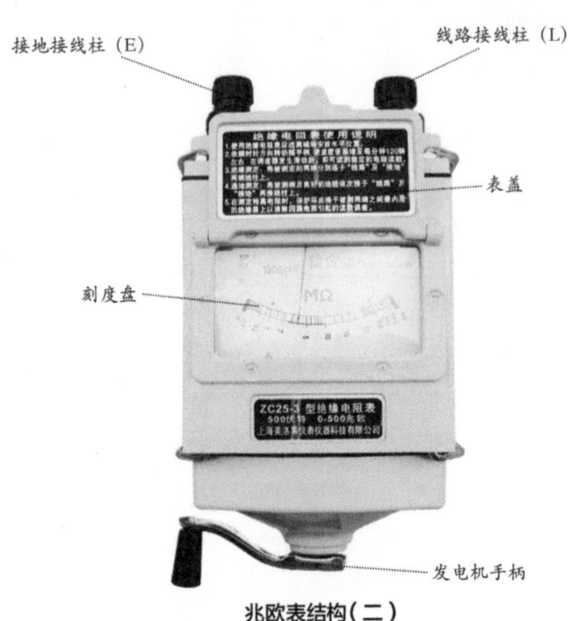


兆欧表结构（二）

**（2）兆欧表的选用**

兆欧表的电压等级应高于被测物的绝缘电压等级，具体选用见下表。

| 被测物电压等级 /V | 万用表量程 /V |
|---|---|
| 220 以下 | 250 |
| 220 ~ 500 | 500 |
| 500 ~ 1000 | 1000 |
| 大于 1000 | 2500 ~ 5000 |

**（3）兆欧表的使用方法**

①测量前必须将被测设备电源切断，并对地短路放电。绝不能让设备在带电的情况下进行测量，以保证人身和设备的安全。对可能感应出高压电的设备，必须消除这种可能性后，才能进行测量。

②被测物表面要清洁，减少接触电阻，确保测量结果的正确性。

③测量前应将兆欧表进行一次开路和短路试验，检查兆欧表性能是否良好。即在兆欧表未接上被测物之前，摇动手柄使发电机达到额定转速 (120r/min)，观察指针是否指在标尺的“∞”位置。将接线柱“L”和“E”短接，缓慢摇动手柄，观察指针是否指在标尺的“0”位。如指针不能指到正确的位置，表明兆欧表有故障，应检修后再用。

④兆欧表使用时应放在平稳、牢固的地方，且远离大的外电流导体和外磁场。

**操作要点**

必须正确接线。兆欧表上一般有三个接线柱，其中 L 接在被测物和大地绝缘的导体部分，E 接被测物的外壳或大地，G 接在被测物的屏蔽层上或不需要测量的部分。测量绝缘电阻时，一般只用 L 和 E。但在测量电缆对地的绝缘电阻或被测设备的漏电流较严重时，就要使用 G，并将 G 接屏蔽层或外壳。线路接好后，可按顺时针方向转动手柄，摇动的速度应由慢而快，当转速达到 120r/min 左右时，保持匀速转动，1min 后读数，并且要边摇边读数，不能停下来读数。

⑤摇测时将兆欧表置于水平位置，手柄转动时其端钮间不许短路。摇动手柄应由慢渐快。若发现指针指零，说明被测绝缘物可能发生了短路，这时就不能继续摇动手柄，以防表内线圈发热损坏。

⑥读数完毕后应将被测设备放电。放电方法是将测量时使用的地线从兆欧表上取下来与被测设备短接一下即可（不是兆欧表放电）。

Tips

a. 禁止在雷电时或附近有高压导体的设备上测量绝缘。只有在设备不带电又不可能受其他电源感应而带电的情况下才可测量。

b. 兆欧表未停止转动之前，切勿用手触及设备的测量部分或兆欧表接线柱。拆线时也不可直接触及引线的裸露部分。

c. 兆欧表应定期校验。校验方法是直接测量有确定值的标准电阻，检测测量误差是否在允许范围以内。

### 3. 电路检测内容

#### （1）强电检测

①检测插座通电情况，详见后文。

②照明采用亮灯测试。

③室内完全重新布线的家居，如别墅，老房（二手房）强电系统，需要用500V绝缘电阻表测试绝缘电阻值。按照标准，接地保护应可靠，导线间和导线对地间的绝缘电阻值应大于0.5MΩ。

#### （2）弱电检测

①弱电测试可采用指针式或数字式万用表测试信号通断。

②对于网络等多芯信号线测试，可用专用网络测试仪进行测试。

Tips

网络测试仪通常也称专业网络测试仪或网络检测仪，是一种可以检测OSI模型定义的物理层、数据链路层、网络层运行状况的便携、可视的智能检测设备，主要适用于局域网故障检测、维护和综合布线施工中，网络测试仪的功能涵盖物理层、数据链路层和网络层。

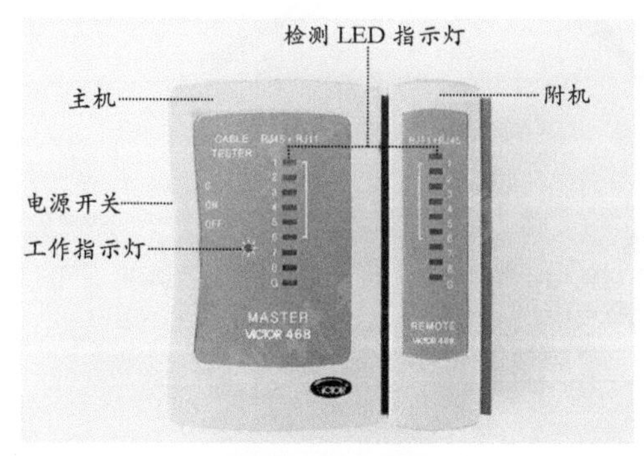


网络测试仪的结构

网络测试仪的插口

## 5.2 线路连接

### 5.2.1 如何选择塑铜线

塑铜线，就是塑料铜芯电线，全称铜芯聚氯乙烯绝缘电线。一般包括BV电线、BVR软电线、RV电线、RVS双绞线、RVB平行线。

**Tips**

a.B系列属于布电线，所以开头用B，电压（相电压 / 线电压）为300V/500V。
b.V就是PVC（聚氯乙烯），也就是塑料，指外面的绝缘层。
c.R表示软，导体的根数越多，电线越软，所以R开头的型号都是多股线，S代表对对绞。

#### 1. 塑铜线的常见种类

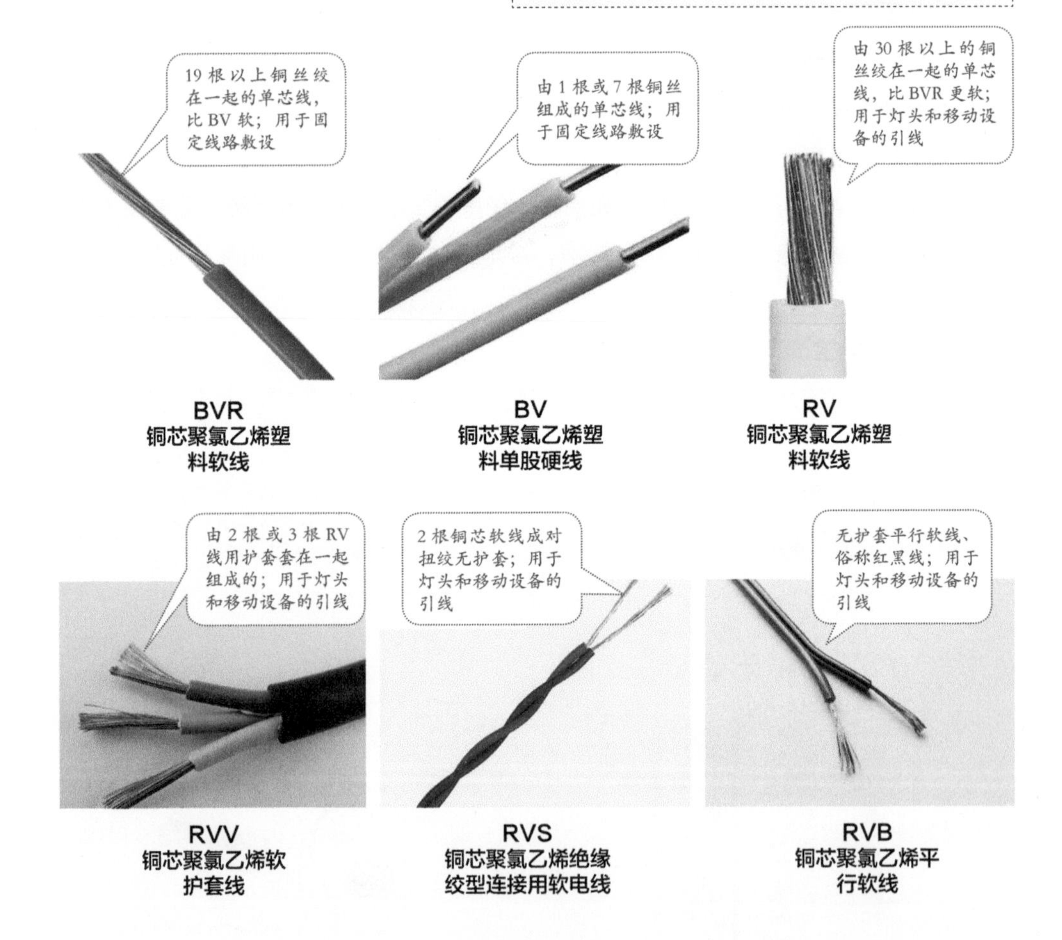


BVR 铜芯聚氯乙烯塑料软线

BV 铜芯聚氯乙烯塑料单股硬线

RV 铜芯聚氯乙烯塑料软线

RVV 铜芯聚氯乙烯软护套线

RVS 铜芯聚氯乙烯绝缘绞型连接用软电线

RVB 铜芯聚氯乙烯平行软线

家用布电线的规格及用处见下表。

| 型号 | 规格 /$mm^2$ | 用处 |
| --- | --- | --- |
| BV、BVR | 1 | 照明线 |
| BV、BVR | 1.5 | 照明、插座连接线 |
| BV、BVR | 2.5 | 空调、插座用线 |
| BV、BVR | 4 | 热水器、立式空调用线 |
| BV、BVR | 6 | 中央空调、进户线 |
| BV、BVR | 10 | 进户总线 |

BV、BVR 线功率见下表。

| 截面积 /$mm^2$ | 功率（220V）/W | 功率（380V）/W | 截面积 /$mm^2$ | 功率（220V）/W | 功率（380V）/W |
| --- | --- | --- | --- | --- | --- |
| 1（13A） | 2900 | 6500 | 4（34A） | 7600 | 17000 |
| 1.5（19A） | 4200 | 9500 | 6（34A） | 10000 | 22000 |
| 2.5（26A） | 5800 | 13000 | 10（34A） | 13800 | 31000 |

**2. 塑铜线的选购**

①看包装：盘型整齐，包装良好，合格证上商标、厂名、厂址、电话、规格、截面、检验员等齐全并印字清晰。

②打开包装简单看一下里面的线芯，比较相同标称不同品牌电线的线芯，线皮较厚的质量一般较差。然后用力扯一下线皮，不容易扯破的质量相对较好。

③将电线点燃后，移开火源，5s 内熄灭的、有一定阻燃功能的一般质量较好。

④内芯（铜质）的材质，越光亮越软，铜质越好。国标要求内芯一定要用纯铜。

⑤国家规定线上一定要印有相关标志，如产品型号、单位名称等，标志最大间隔不超过 50cm，印字清晰、间隔匀称的应该为大厂家生产的国标线。

## 5.2.2 如何使用电烙铁

电烙铁是电子制作和电器维修的必备工具，主要用途是焊接元件及导线。

### 1. 电烙铁的种类及选择

通常按机械结构来选择电烙铁，可分为内热式和外热式两种，同时根据用途不同又分为大功率电烙铁和小功率电烙铁，除此之外还可根据温度分为可调温和不可调温等。

焊接集成线路、晶体管、受热易损元器件时选择 20W 内热式或者 25W 外热式电烙铁；焊接导线、同轴电缆时使用 45 ~ 75W 外热式或 50W 内热式电烙铁；焊接较大元器件时选择 100W 以上的电烙铁。

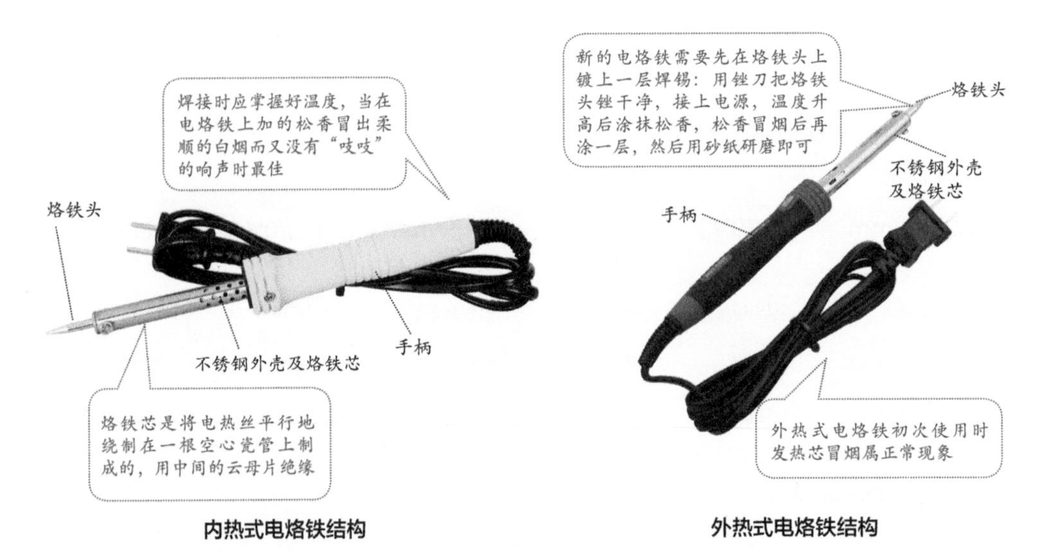


内热式电烙铁结构　　外热式电烙铁结构

### 2. 电烙铁的使用步骤

①第一次使用电烙铁时需要用锉刀对烙铁头“工作面”进行锉平，去掉氧化层或粘结的杂质，露出紫铜面。然后将烙铁通电加热并将烙铁头部放入焊剂（油或膏）中，待能熔焊锡时，用烙铁头部在熔化的锡中来回摆动，或用焊锡丝在烙铁头部来回蹭几下，焊锡就会附着在烙铁头上。

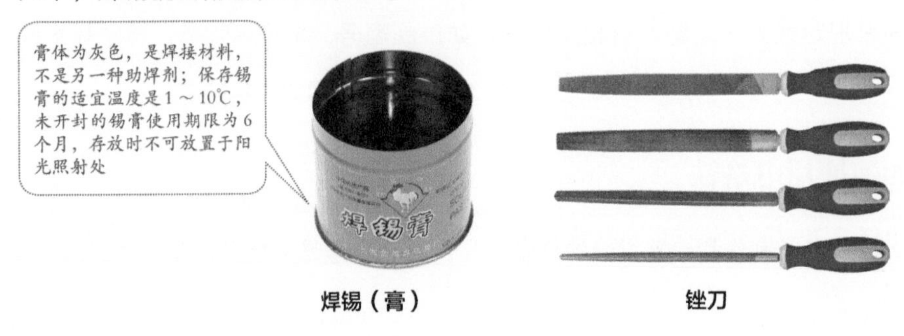


焊锡（膏）　　锉刀

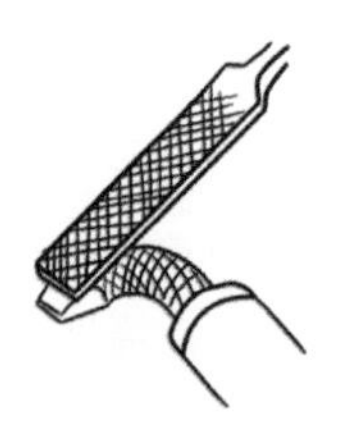

1. 将工作面锉干净　　2. 将头部放入焊剂中　　3. 上锡

②焊接前，应先将要焊接的金属外层氧化物或绝缘漆等清除掉，可用刀片刮或砂纸打，然后在要焊接的部位涂一些焊剂。

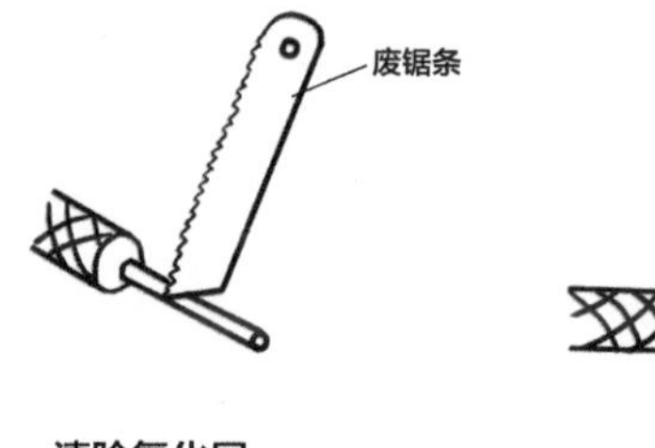


清除氧化层　　涂焊剂

③将待焊接部位进行适当的固定。烙铁叼起锡后，轻轻压在待焊接部位，让焊锡慢慢流入到焊接部位的缝隙中。也可将焊锡丝抵在烙铁头与待焊接部位的接触位置，使其熔化流入到焊接部位，如下图 1 所示。

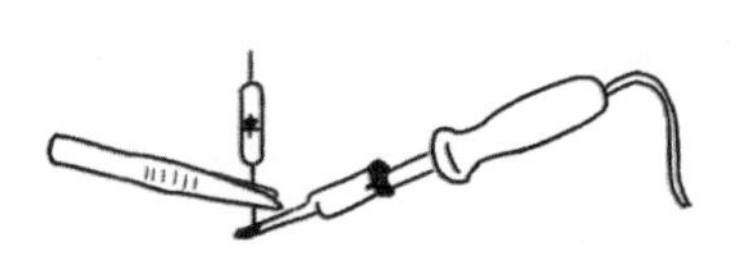

1. 将焊锡丝抵在烙铁头部　　2. 长焊点烙铁头与焊接平面的角度　　3. 用镊子隔热防止损坏元件

对较长的焊接，应使烙铁头的端面线与被焊接平面呈一定的角度，慢慢拉动烙铁，使焊锡跟着走动，均匀地焊好整条焊缝，如上图 2 所示。

为防止因过热损伤被焊接元件（例如晶体管和集成电路），可用尖嘴钳、镊子等器具夹在焊接部位上方进行散热，分流传到被焊接元件上的热量，如上图 3 所示。

**Tips**

a. 电烙铁插头最好使用三极插头，使外壳接地。使用前，认真检查电源插头、电源线有无损坏，并检查烙铁头是否松动。

b. 电烙铁使用中，不能用力敲击，要防止跌落。烙铁头上焊锡过多时，可用布擦掉。

c. 焊接过程中，烙铁不能到处乱放。不焊时，应放在烙铁架上。

对不耐热的元件，例如某些塑料壳元件和印刷线路板，应注意避免一次接触时间太长和用焊锡过多。焊接操作过程要果断、迅速。

④待焊锡在焊接处均匀地熔化并覆盖好预定焊接面时，则应将烙铁提起。为了防止提起后焊点出“小尾巴”或与附近焊点粘连，焊接时用锡量要控制，尽可能少用，提起烙铁的速度应较快。

⑤焊接后，应用酒精等熔剂清除焊点及其周围残留的焊剂，一为清洁，二为避免对金属元件造成腐蚀。

### 5.2.3 如何连接进户线

由室外电缆到室内电表盘之间的一段线路称为进户线，又叫表外线。进户线连接步骤如下。

①安装进户线时，要合理选择进户点，使其尽量接近供电线路，且位置应明显，便于维护和检修。

②进户线的长度不应超过 15m，中间不应有接头。

③计费方式不同的进户线不应穿入同一根管内，当电表装有互感器时，也可在互感器外套接。

④进户线穿墙时，应套上保护套管（瓷管、硬塑料管等），并应防止相间短路或对地短路；绝缘套管露出墙外部分不应小于 10mm，其外端应有防水弯头；进户线与接户线连接时，多股线应做成“倒人字”接法。

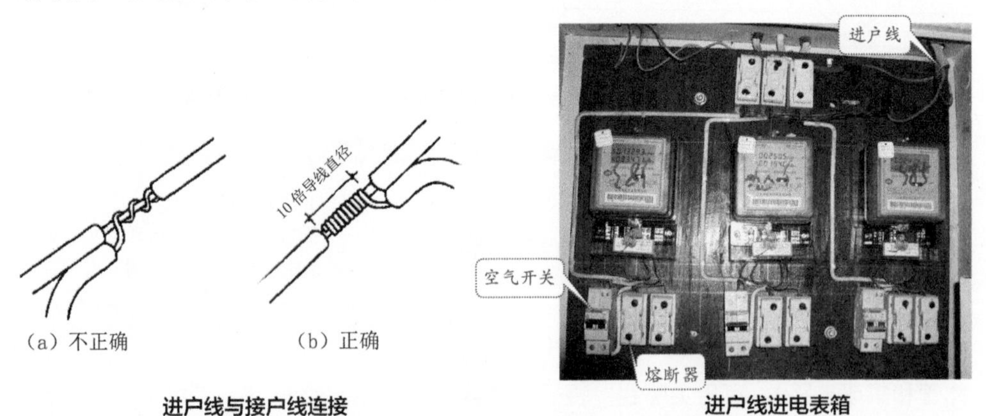


进户线与接户线连接　　进户线进电表箱

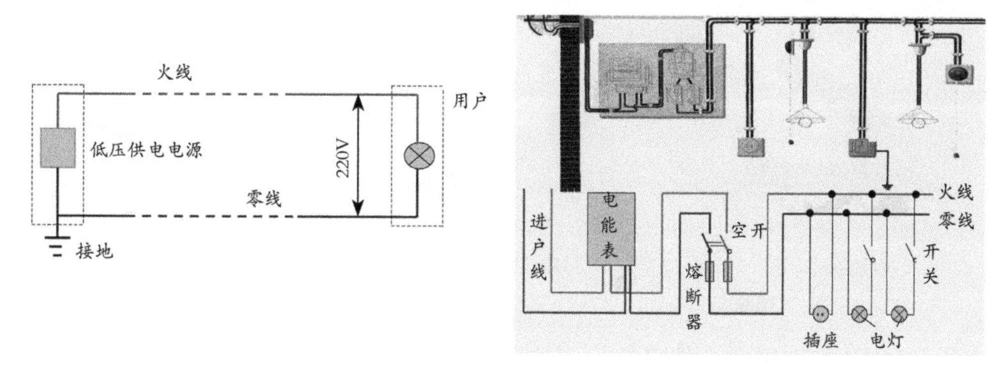


进户线连接示意

## 5.2.4 如何剥除导线绝缘层

剥除导线绝缘层的步骤如下：

①首先根据所需的端头长度，用刀具以 45° 左右的角度倾斜切入绝缘层。

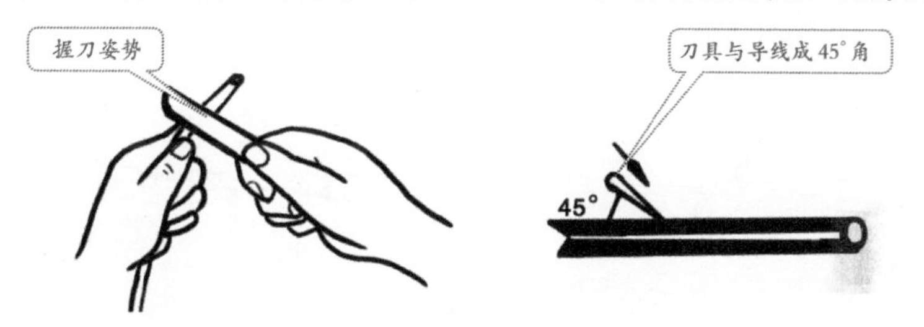


②然后用左手拇指推动刀具的外壳，即美工刀以 15° 左右的角度均匀用力向端头推进，一直推到末端。

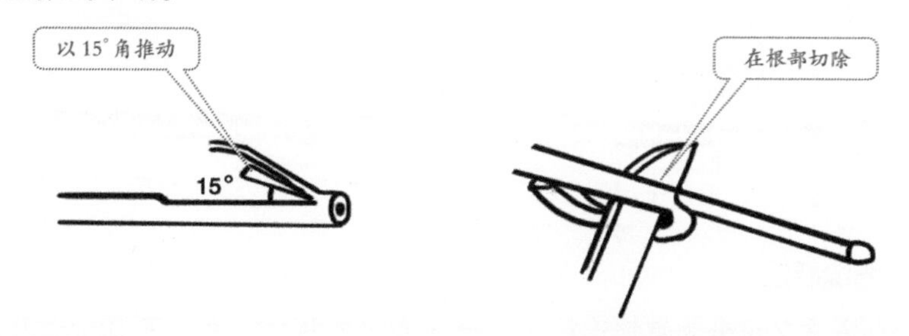


③除了这种方式以外，可以用左手拇指按住已经翘起的那部分，这样可以让余下的部分顺利地切除下来；再削去一部分塑料层，并把剩余的部分下翻；最后用刀具将下翻的部分连根切除，露出线芯。

④线芯面积大于等于 4mm$^2$ 的塑铜线绝缘层可以用美工刀或者电工刀来剥除；线芯面积在 6mm$^2$ 及以上的塑铜线绝缘层可以用剥线钳来剥除。

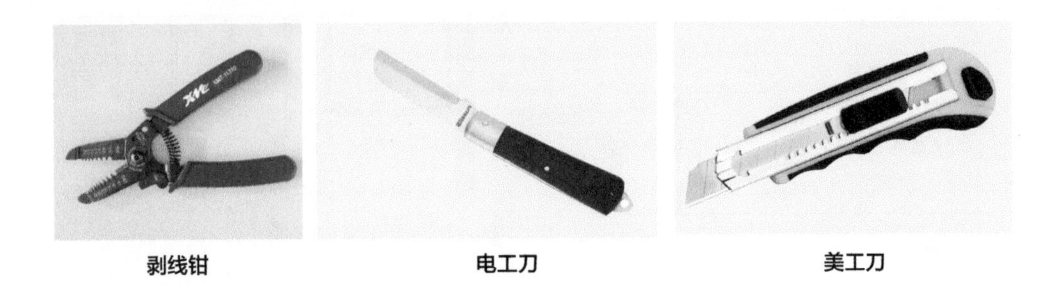
剥线钳　　电工刀　　美工刀

## 5.2.5 如何连接单芯铜导线

单芯铜导线连接需要先剥除导线绝缘层，然后连接导线芯，最后恢复绝缘层。其中，导线芯连接有绞接法和缠绕卷法，具体内容如下：

**1. 绞接法**

此方法适用于面积为 $4mm^2$ 及以下的单芯连接，连接步骤如下：

①将两线互相交叉，用双手同时把两芯线互绞 3 圈。

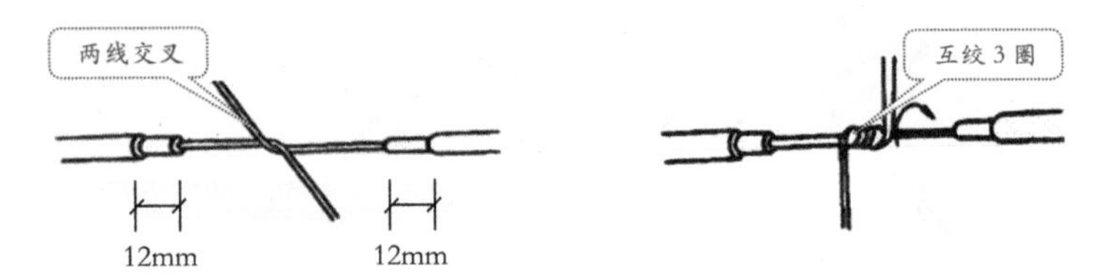


②将两个线芯分别在另一个芯线上缠绕 5 圈，剪掉余线，压紧导线。

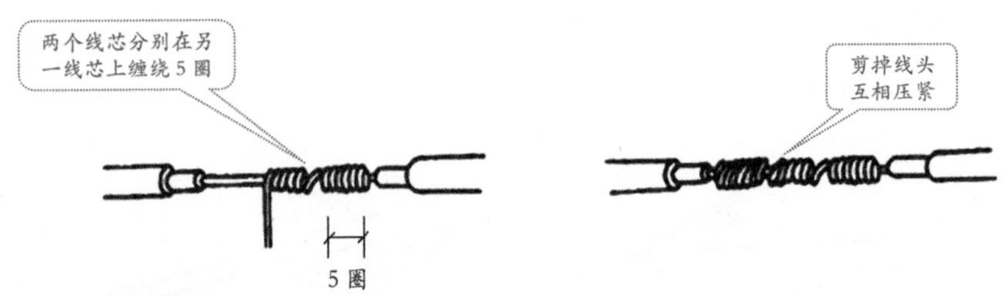


**2. 缠绕卷法**

此种方法又可分为直接连接法和分支连接法两种，适用于 $6mm^2$ 及以上单芯线的直线连接。

**（1）直接连接法**

①将要连接的两根导线接头对接，中间填入一根同直径的芯线，然后用绑线（直径为 1.6mm 左右的裸铜线）在并合部位中间向两端缠绕，其长度为导线直径的 10 倍，然后将添加芯线的两端折回，将铜线两段继续向外单独缠绕 5 圈，将余线剪掉。

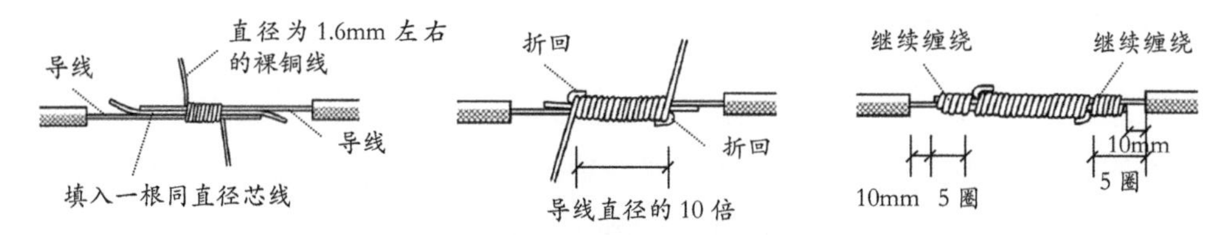


直接连接法示意（同芯）

②当连接的两根导线直径不相同时，先将细导线的线芯在粗导线的线芯上缠绕 5 ~ 6 圈，然后将粗导线的线芯的线头回折，压在缠绕层上，再用细导线的线芯在上面继续缠绕 3 ~ 4 圈，剪去多余线头即可。

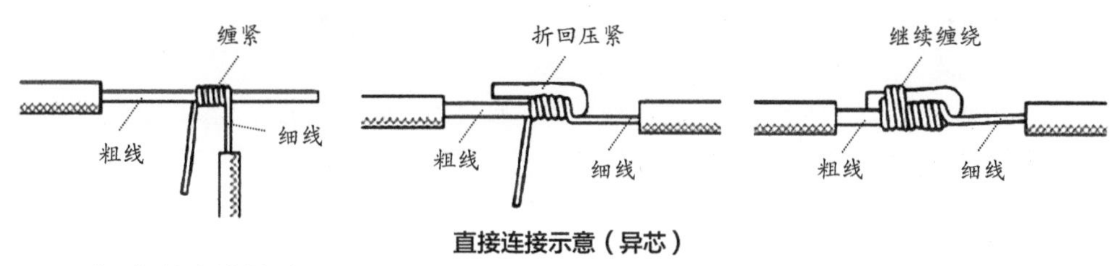


直接连接示意（异芯）

## （2）分支连接法

分支连接法又可分为 T 字连接法和十字连接法两种。

①T 字连接法。先将支路芯线的线头在干路芯线上打一个环绕结，再紧密缠绕 5 ~ 8 圈后剪去多余线头即可（适用于截面面积小于 4mm$^2$ 的导线）将支路芯线的线头紧密缠绕在干路芯线上 5 ~ 8 圈后，步骤与直接连接法相同，最后剪去多余线头即可（适用于截面面积大于 6mm$^2$ 的导线）。

T 字连接法示意

②十字连接法。将上下支路的线芯缠绕在干路芯线上 5 ~ 8 圈后剪去多余线头即可。支路线芯可以向一个方向缠绕也可向两个方向缠绕。

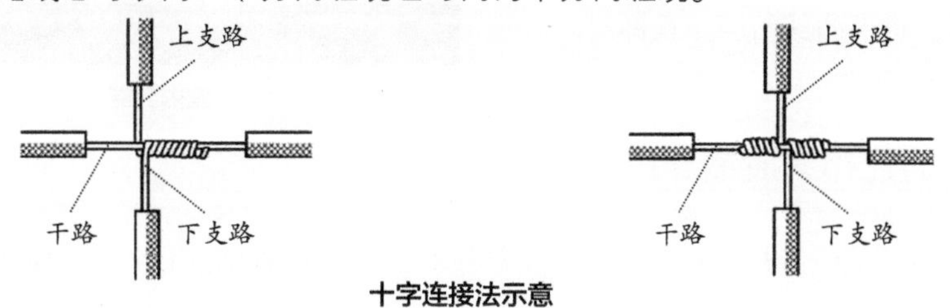


十字连接法示意

### 5.2.6 如何制作单芯铜导线的接线圈

采用平压式接线桩方法时，需要用螺钉加垫圈将线头压紧完成连接。家装用的单芯铜导线相对而言载流量小，有的需要将线头做成接线圈。其制作方法如下。

①将绝缘层剥除，距离绝缘层根部 3mm 处向外侧折角。

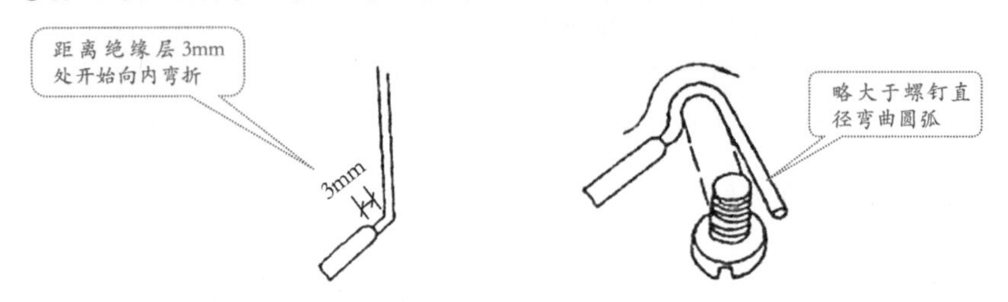


②按照略大于螺钉直径的长度弯曲圆弧，再将多余的线芯剪掉，修正圆弧即可。

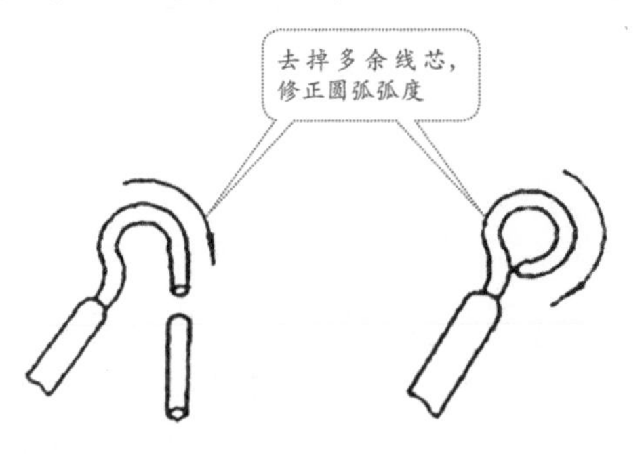


### 5.2.7 如何制作单芯铜导线盒内封端

单芯铜导线盒内封端的连接方法如下。

①剥除需要连接的导线绝缘层。

②将连接段并合，在距离绝缘层大于 15mm 的地方绞缠 2 圈。

③剩余的长度根据实际需要剪掉一些，然后把剩下的线折回压紧即可。

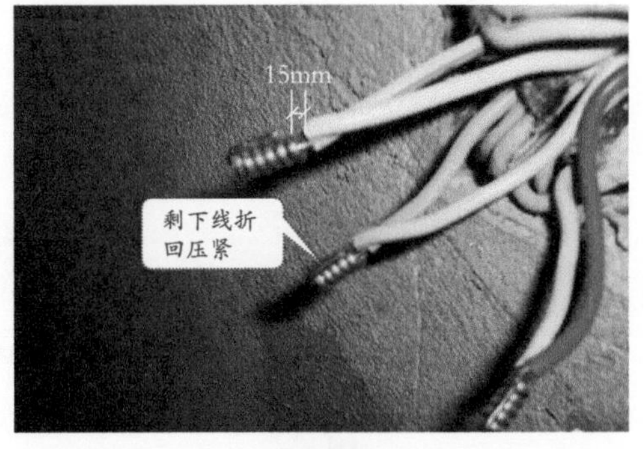


盒内封端

### 5.2.8 如何连接多股铜导线

多股铜导线连接最常用的方法有单卷接线法和缠绕卷法。无论哪一种连接方式，都需要把多股导线顺次解开成 30° 伞状，用钳子逐个把每一股导线线芯拉直，并用砂布将导线表面擦干净。

### 1. 单卷接线法

#### （1）直接连接

①把多股导线线芯顺次解开，并剪去中心一股，再将各张开的线端相互插嵌，插到每股线的中心完全接触。

②把张开的各线端合拢，取任意两股同时缠绕 5 ~ 6 圈后，另换两股缠绕，把原有两股压在里挡或把余线割掉，再缠绕 5 ~ 6 圈后采用同样方法，调换两股缠绕。

③以此类推，缠绕到边线的解开点为止，选择两股缠线互相扭绞 3 ~ 4 圈，余线剪掉，余留部分用钳子敲平，使其各线紧密缠绕，再用同样方法连接另一端。

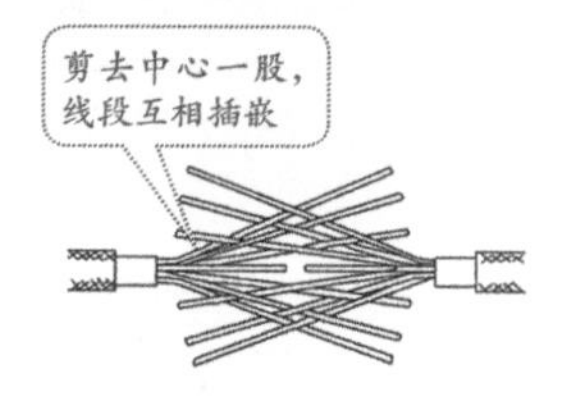


任意两股同时缠绕 5 ~ 6 圈后更换两股重复缠绕

长度 =10 倍线径

#### （2）分支连接

①先将分支线端解开，拉直擦净分为两股，各折弯 90° 后附在干线上。

②一边用另备的短线做临时绑扎，另一边在各单线线端中任意取出一股，用钳子在干线上紧密缠绕 5 圈，余线压在里挡或割去。

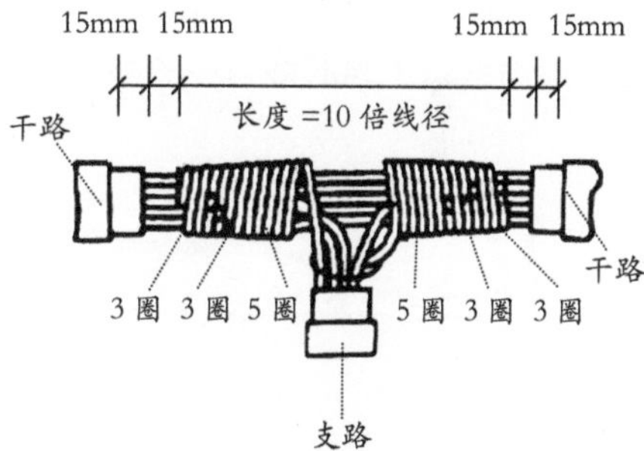


③调换一根，用同样方法缠绕 3 圈，以此类推，缠绕至距离干线绝缘层 15mm 处为止，再用同样方法缠绕另一端。

### 2. 缠绕卷法

#### （1）直接连接

①将剥去绝缘层的导线拉直，在其靠近绝缘层的一端约 1/3 处绞合拧紧，将剩余 2/3 的线芯摆成伞状，另一根需连接的导线也如此处理。

②接着将两部分伞状对着互相插入，捏平线芯，然后将每一边的线芯分成 3 组，先将一边的第一组线头翘起并紧密缠绕在芯线上。

③再将第二组线头翘起，缠绕在芯线上，依次操作第三组。

④以同样的方式缠绕另一边的线头，之后剪去多余线头，并将连接处敲紧。

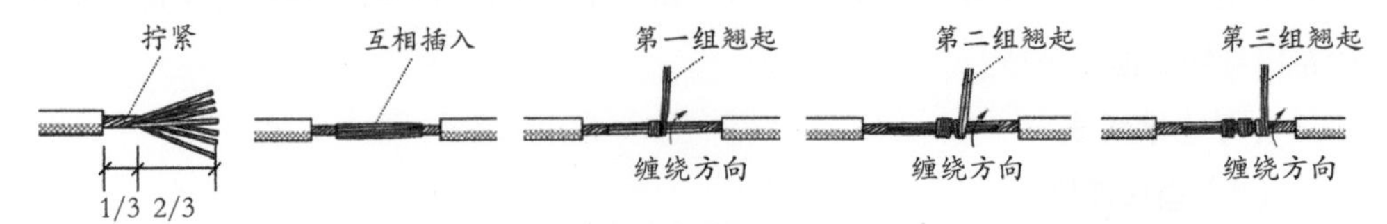


直接连接示意

### （2）分支连接

多股铜导线的 T 字分支连接有两种方法，一种方法将支路芯线 90° 折弯后与干路芯线并行，然后将线头折回并紧密缠绕在芯线上即可。

T 字分支连接示意（一）

另一种方法将支路芯线靠近绝缘层的约 1/8 芯线绞合拧紧，其余 7/8 芯线分为两组，一组插入干路芯线当中，另一组放在干路芯线前面，并朝右边方向缠绕 4 ~ 5 圈。再将插入干路芯线当中的那一组朝左边方向缠绕 4 ~ 5 圈，连接好导线。

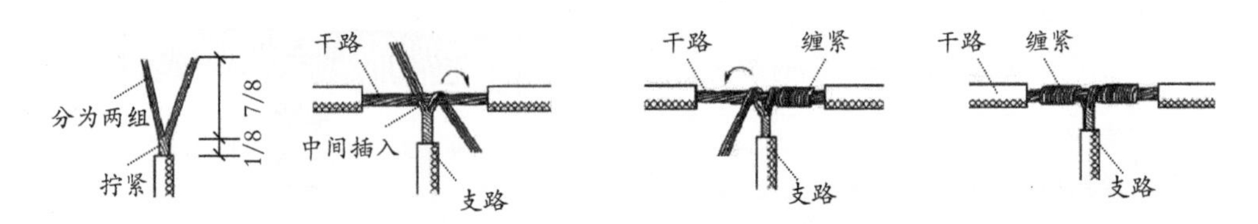


T 字分支连接示意（二）

### （3）单股导线与多股导线的连接

先将多股导线的线芯拧成一股，再将它紧密地缠绕在单股导线的线芯上，缠绕 5 ~ 8 圈，最后将单芯导线的线头部分向后折回即可。

单股导线与多股导线连接示意

**（4）同一方向的导线连接**

①连接同一方向的单股导线，可以将其中一根导线的线芯紧密地缠绕在其他导线的线芯上，再将其他导线的线芯头部回折压紧即可。

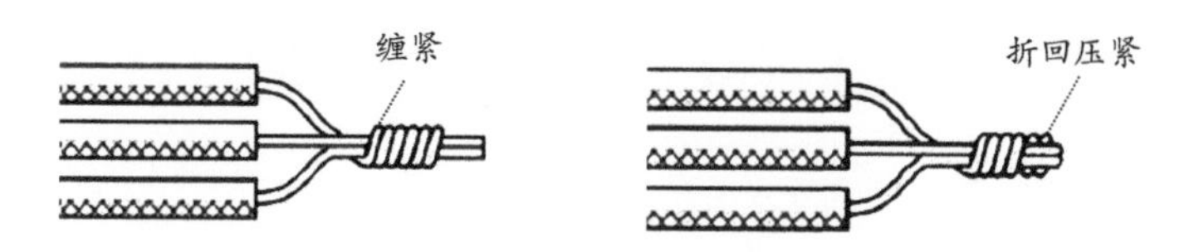


②连接同一方向的多股导线，可以将两根导线的线芯交叉，然后绞合拧紧。

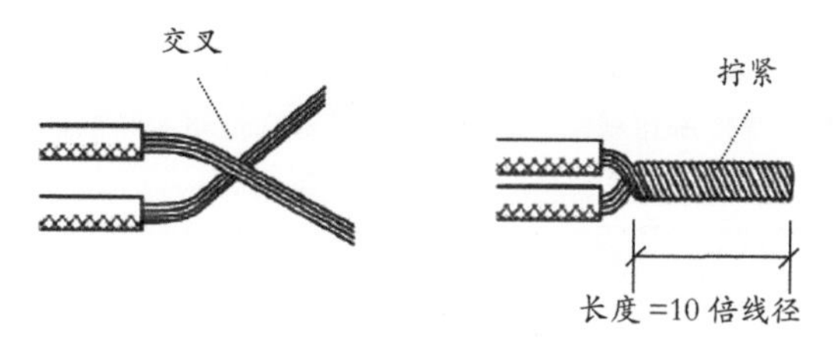


③连接同一方向的单股和多股导线，可以将多股导线的线芯紧密地缠绕在单股导线上，再将单股导线的端头部分折回压紧即可。

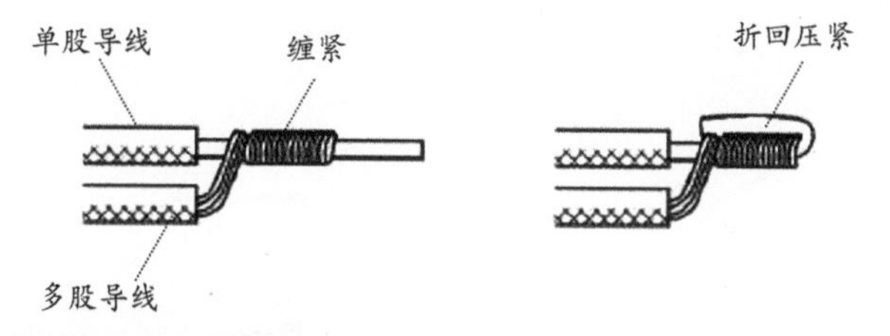


**（5）多芯护套线或多芯电缆的连接**

连接双芯护套线、三芯护套线及多芯电缆时可使用绞接法，应注意将各芯的连接点错开，可以防止短路或漏电。

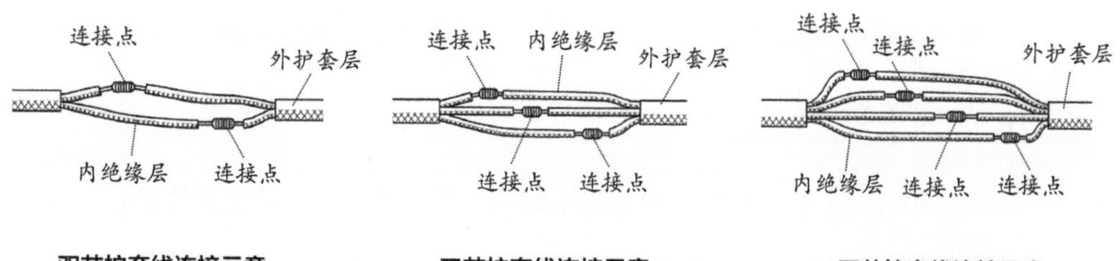


双芯护套线连接示意　　三芯护套线连接示意　　四芯护套线连接示意

## 5.2.9 如何装接导线出线端子

导线两端与电气设备的连接叫作导线出线端子装接。导线出线端子的装接方法见下表。

| 方法 | 内容 |
| --- | --- |
| 针孔式接线桩头装接（粗导线） | 将导线线头插入针孔，旋紧螺钉即可 |
| 针孔式接线桩头装接（细导线） | 将导线头部向回弯折成两根，再插入针孔，旋紧螺钉即可 |
| $10mm^2$ 单股导线装接 | 一般采用直接接法，将导线端部弯成圆圈（具体做法见本书 5.2.6 节“如何制作单芯铜导线的接线圈”相关内容），将弯成圈的线圈压在螺钉的垫圈下，拧紧螺钉即可 |
| 软线的装接 | 将软线绕螺钉一周后再自绕 1 圈，再将线头压入螺钉的垫圈下，拧紧螺钉 |
| 多股导线装接 | 横截面不超过 $10mm^2$、股数为 7 股及以下的多股芯线，应将线头做成线圈后压在螺钉的垫圈下，拧紧螺钉 |
| $10mm^2$ 以上的多股铜线或铝线的装接 | 铜接线端子装接，可采用锡焊或压接，铝接线端子装接一般采用冷压接 |

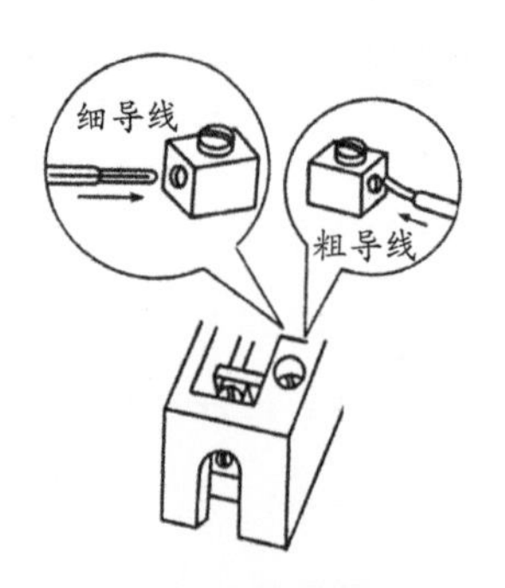

针孔式接线桩头装接示意

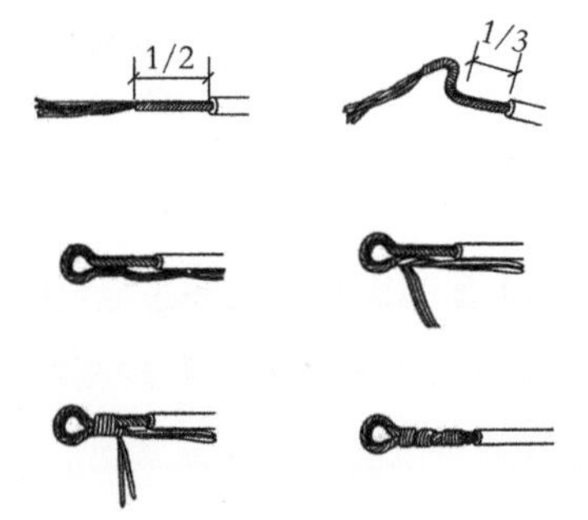

7 股及以下多股线芯线圈制作示意

## 5.2.10 如何恢复导线绝缘

导线连接时会去除绝缘层，完成后须对所有绝缘层已被去除的部位进行绝缘处理。通常采用绝缘胶带进行缠裹包扎。一般 220V 用黄蜡带、黑胶布带或塑料胶带；在潮湿场所应使用聚氯乙烯绝缘胶带或涤纶绝缘胶带。

导线绝缘恢复有一字形导线接头处理，T 字分支接头处理以及十字分支接头处理三种方法。

## 1. 一字形导线接头的绝缘处理

先包缠一层黄蜡带，再包缠一层黑胶布带。将黄蜡带从接头左边绝缘完好的绝缘层上开始包缠，包缠 2 圈后进入剥除了绝缘层的芯线部分，包缠时黄蜡带应与导线成 55° 左右倾斜角，每圈压叠带宽的 1/2，直至包缠到接头右边两圈距离的完好绝缘层处。然后将黑胶布带接在黄蜡带的尾端，按另一斜叠方向从右向左包缠，仍每圈压叠带宽的 1/2，直至将黄蜡带完全包缠住。注意：应用力拉紧胶带，不可稀疏，不能露出芯线，以确保绝缘质量和用电安全。

绝缘胶布

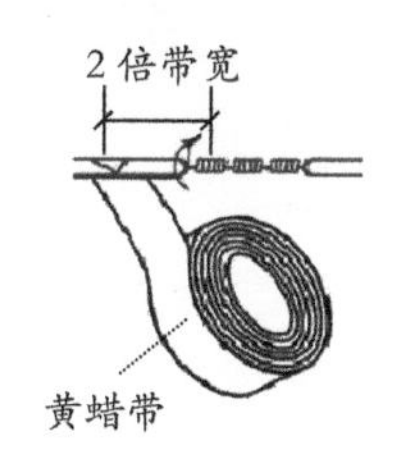


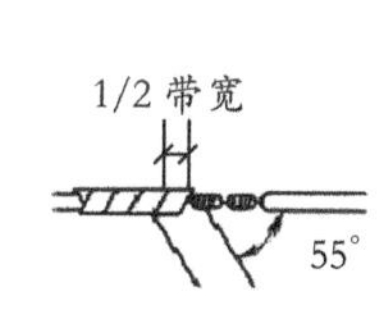


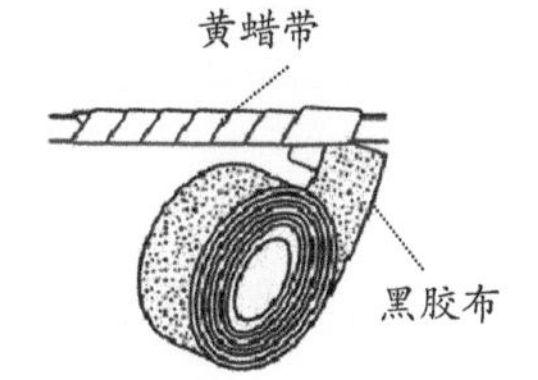


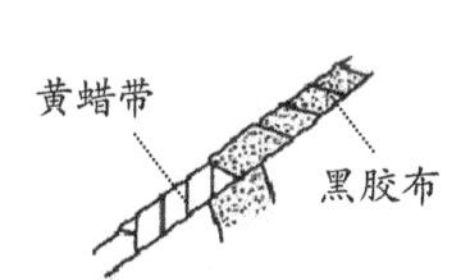


一字形导线接头绝缘处理示意

## 2. 十字分支接头的绝缘处理

对导线的十字分支接头进行绝缘处理时，走一个十字形的来回，使每根导线上都包缠两层绝缘胶带，每根导线也都应包缠到完好绝缘层的 2 倍胶带宽度处。

## 3.T 字分支接头的绝缘处理

导线分支接头的绝缘处理基本方法同十字形导线接头的绝缘处理，T 字分支接头的包缠方向，走一个 T 字形的来回，使每根导线上都包缠两层绝缘胶带，每根导线都应包缠到完好绝缘层的 2 倍胶带宽度处。

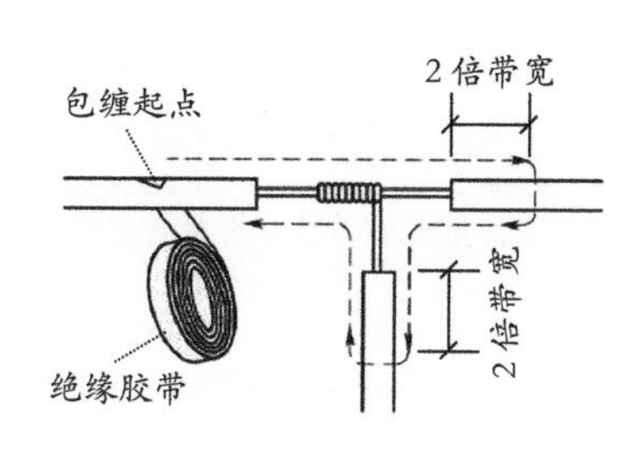


T 字形导线接头绝缘处理示意

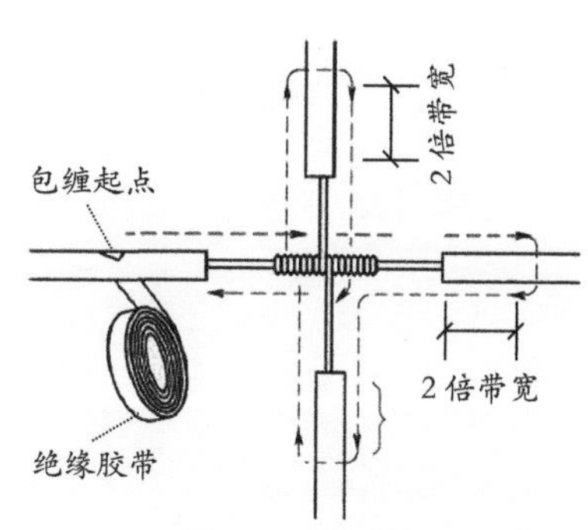


十字形导线接头绝缘处理示意

## 5.2.11 如何制作网线

### 1. 网线简介

网线用于局域网内以及局域网与以太网的数字信号传输，也就是双绞线。

双绞线采用了一对互相绝缘的金属导线互相绞合的方式来抵御一部分外界电磁波干扰，把两根绝缘的铜导线按一定密度互相绞在一起，可以降低信号干扰的程度。双绞线可分为非屏蔽双绞线（UTP）和屏蔽双绞线（STP），家中最常用的是 UTP。

家用布电线的规格及用处见下表。

| 型号 | 名称 | 特点 | 图片 |
| --- | --- | --- | --- |
| UTP | 非屏蔽双绞线 | 无屏蔽外套，直径小，节省所占用的空间；重量轻、易弯曲、易安装；具有阻燃性；能够将近端串扰减至最小或加以消除 | |
| STP | 屏蔽双绞线 | 线的内部有一层金属隔离膜，在数据传输时可减少电磁干扰，稳定性较高 | |

除了以上的分类外，双绞线还可以分为 5 类线、超 5 类线和 6 类线。

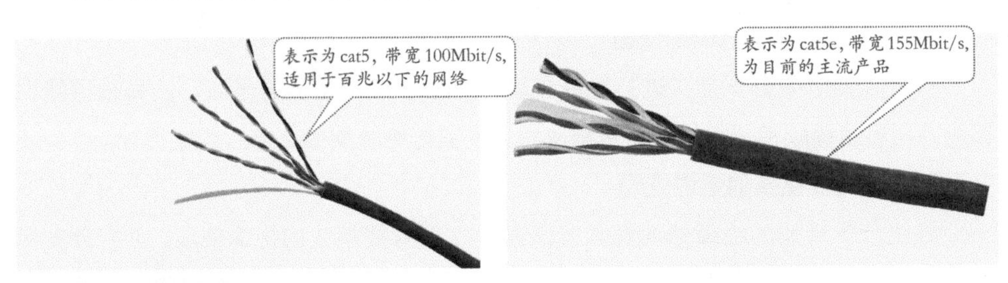


5 类双绞线　　　　超 5 类双绞线

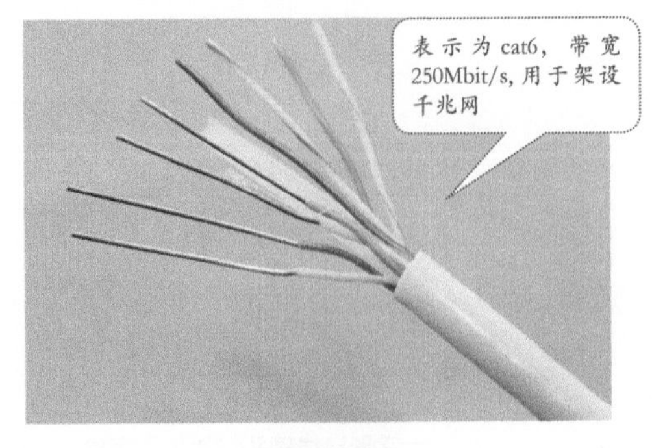


6 类双绞线

> **Tips**
>
> 正品网线质地比较软，而一些不法厂商在生产时为了降低成本，在铜中添加了其他的金属元素，做出来的导线比较硬，不易弯曲；用剪刀去掉一小截线外面的塑料线皮，4 对芯线中白色的那条不应是纯白的，而是带有与之成对的那条芯线颜色的花白，假货则为纯白。

### 2. 网线制作方式

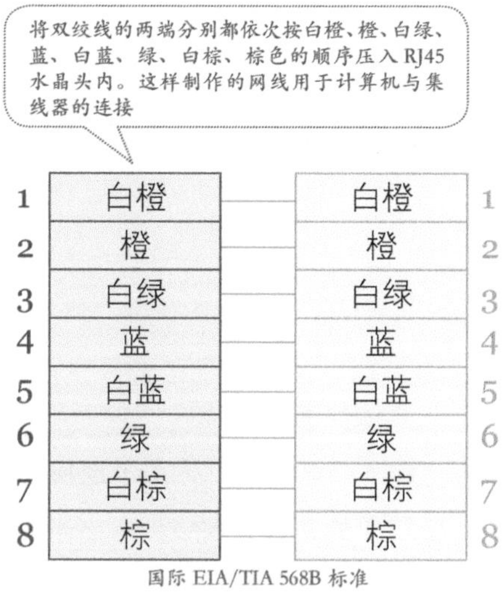

将双绞线的两端分别都依次按白橙、橙、白绿、蓝、白蓝、绿、白棕、棕色的顺序压入RJ45水晶头内。这样制作的网线用于计算机与集线器的连接

| | 国际 EIA/TIA 568B 标准 | | |
|---|---|---|---|
| 1 | 白橙 | 白橙 | 1 |
| 2 | 橙 | 橙 | 2 |
| 3 | 白绿 | 白绿 | 3 |
| 4 | 蓝 | 蓝 | 4 |
| 5 | 白蓝 | 白蓝 | 5 |
| 6 | 绿 | 绿 | 6 |
| 7 | 白棕 | 白棕 | 7 |
| 8 | 棕 | 棕 | 8 |

正常连接示意

将双绞线的一端按国际EIA/TIA 568B标准压入RJ45水晶头内；另一端将芯线依次按白绿、绿、白橙、蓝、白蓝、橙、白棕、棕色的顺序压入RJ45水晶头内。这种方法制作的网线用于计算机与计算机的连接或集线器的级联

| | 国际 EIA/TIA 568B 标准 | 国际 EIA/TIA 568A 标准 | |
|---|---|---|---|
| 1 | 白橙 | 白绿 | 1 |
| 2 | 橙 | 绿 | 2 |
| 3 | 白绿 | 白橙 | 3 |
| 4 | 蓝 | 蓝 | 4 |
| 5 | 白蓝 | 白蓝 | 5 |
| 6 | 绿 | 橙 | 6 |
| 7 | 白棕 | 白棕 | 7 |
| 8 | 棕 | 棕 | 8 |

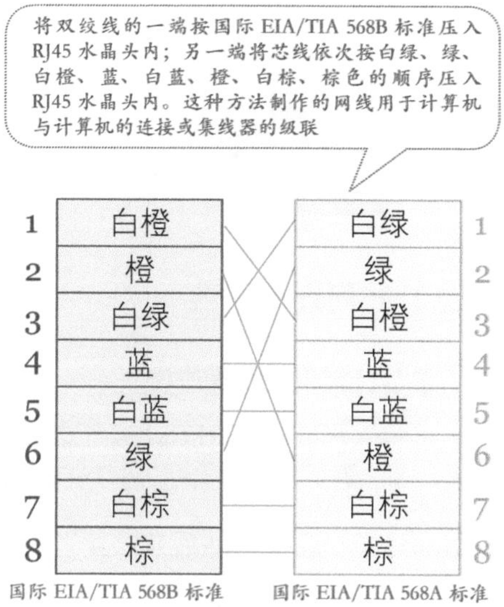

交叉连接示意

### 3. 网线制作步骤

网线的制作步骤见下表。

| 序号 | 图解 | 内容 |
|---|---|---|
| 1 |  | 用压线钳将双绞线一端的外皮剥去3cm，然后按EIA/TIA 568B标准顺序将线芯顺直并拢 |
| 2 | 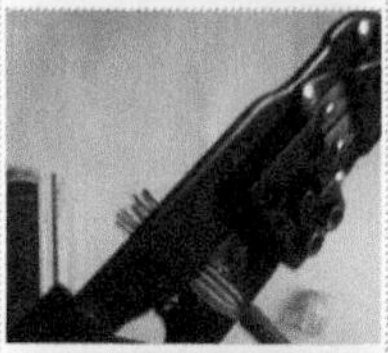 | 将芯线放到压线钳切刀处，8根线芯要在同一平面上并拢，而且尽量直，留下一定的线芯长度约为1.5cm并剪齐 |
| 3 |  | 将双绞线插入RJ45水晶头中，插入过程力度均衡直到插到尽头，并且检查8根线芯是否已经全部充分、整齐地排列在水晶头里 |
| 4 |  | 用压线钳用力压紧水晶头，抽出即可，一端的网线就制作好了，同样方法制作另一端网线 |

| 序号 | 图解 | 内容 |
|---|---|---|
| 5 |  | 最后把网线的两头分别插到网络测试仪上，打开测试仪开关，测试指示灯亮起来。如果网线正常，两排的指示灯都是同步亮的，如果有指示灯没同步亮，证明该线芯连接有问题，应重新制作 |

## 5.2.12 如何连接网线

**单台计算机的网线连接**

宽带入户模式有 FTTB、FTTH、LAN、ADSL，具体如下。

① FTTH：即“光纤到户”。原理是机房中设置一个总的 OLT（用于连接光纤干线的终端设备），然后通过分光器（作用是将所需要的共振吸收线分离出来）、ODN（作用是为 OLT 和 ONU 之间提供光传输通道）光缆连接到楼道光纤分线箱，再通过皮线光纤接入到用户家中的 ONU（即俗称的光猫），然后从 ONU 上引出一根网线，接入用户电脑网卡即可。FTTH 是这几个模式中传输速度最快的。

② FTTB：即“光纤到楼”，原理与 FTTH 类似。只不过，FTTH 是用户单独用一个 ONU，而 FTTB 是多个用户共用一个 ONU。这是目前使用较多的模式，不过正在逐渐被 FTTH 替代。

③ LAN：也叫“小区宽带”，即整个小区共享一根光纤。原理是机房放置一台光纤收发器，中间用光缆连接。楼道宽带箱放置一台光纤收发器和一台交换机，然后通过网线接入用户电脑网卡。由于是整个小区共用，到晚上高峰期时，速度一般很慢。

④ ADSL：即电话线入户，用户需配置一个调制解调器（Modem，俗称猫），再引出一根网线接电脑网卡。ADSL 是这几种模式中传输速度最慢的，现在已经基本淘汰。

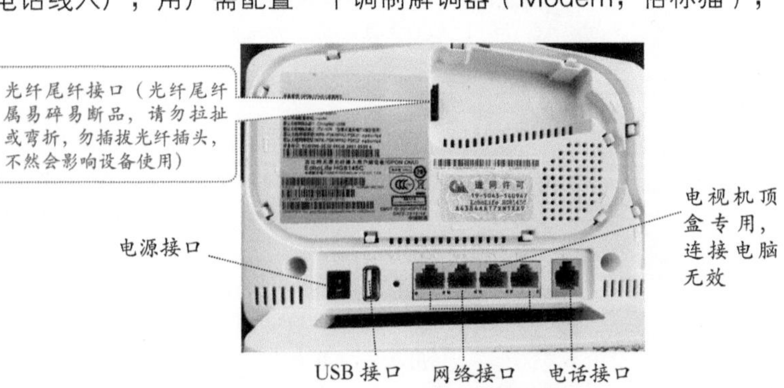


“光猫”连接示意

## 5.2.13 如何连接电话线

### 1. 电话线简介

电话线就是电话的进户线，由铜线芯和护套组成。电话线的国际线径为0.5mm，其信号传输速率取决于铜芯的纯度及横截面面积。

电话线芯的种类及特点见下表。

Tips

电话线常见芯数有二芯、四芯和六芯三种，普通电话使用二芯即可，传真机或拨号上网需使用四芯或六芯。辨别芯材可以将线弯折几次，容易折断的线芯用铜纯度不高，反之则铜含量高。

| 名称 | 特点 | 图片 |
|---|---|---|
| 铜包钢线芯 | 线比较硬，不适合用于外部扯线，容易断芯。但是埋在墙里可以使用，只能近距离使用，如楼道接线箱到用户 | |
| 铜包铝线芯 | 线比较软，容易断芯。可以埋在墙里，也可以墙外扯线。只能用于近距离使用，如楼道接线箱到用户 | |
| 全铜线芯 | 线软，可以埋在墙里，也可以墙外扯线，可以用于远距离传输使用 | |

### 2. 电话线连接

连接电话线就是将户外引入的两根线采用专用线加长，然后接装上专用接口。电话线的连接有以下几点要求：

①电话线分为二芯和四芯两种，一般电话用二芯电话线连接就可以，二芯电话线没有极性的区分。

②若为四芯专用电话，则需要连接四芯线，四芯线必须按照顺序连接。

③若普通电话使用四芯线，则可以同时接装两部电话机，一般接法是两芯成一对，即红、蓝，绿、黄（白）。如果接一部电话机，则往往使用红、蓝线来接装，另外两根闲置即可。

④为了避免信号干扰，电话线距离电源或者其他高频信号最好保持1m以上的距离。

⑤同时安装两部电话机但不需要串线时，可以采用分机盒，中间的两根接一部，另外两根接一部。

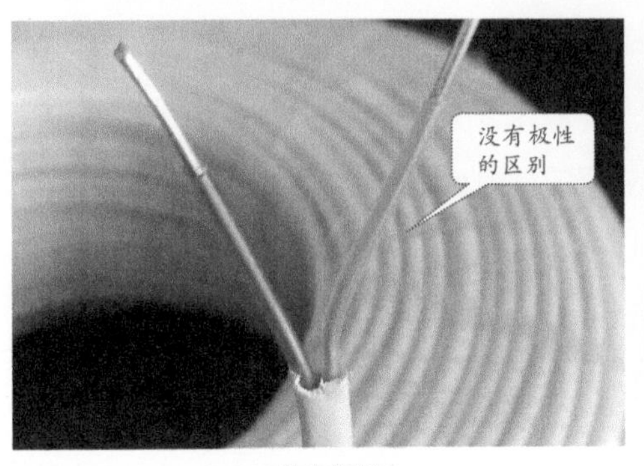


二芯电话线

四芯电话线

## 5.3 配电箱、开关和插座的安装

### 5.3.1 如何稳埋盒、箱

根据设计图规定的盒、箱预留具体位置，弹出水平、垂直线，利用电锤、錾子剔洞，洞口要比盒、箱的尺寸稍大一些。

洞剔好后，把杂物清理干净，浇水把洞淋湿，再根据管路的走向，敲掉盒子上相应方向的孔，用高强度的水泥砂浆填入洞口，将盒、箱稳住，位置要端正，水泥砂浆凝固后，再接管路进盒、箱内。注意：盒、箱的连接管要预留 300mm 的长度，以进入盒、箱中。

**Tips**

稳埋盒、箱的要求：
a. 盒、箱固定应平正牢固；
b. 灰浆饱满、收口平整；
c. 纵横坐标准确，符合设计图和施工验收规范规定。

开关盒稳埋示例

插座盒稳埋示例

管路敷设及盒、箱安装允许偏差值见下表。

| 项目 | 允许偏差 | 检验方法 |
| --- | --- | --- |
| 管路最小弯曲半径 | ≥ 6D（D 为管外径） | 尺量及检查安装记录 |

| 项目 | | 允许偏差 | 检验方法 |
|---|---|---|---|
| 弯偏度 | | ≤ 0.1*D*（*D* 为管外径） | 观察 |
| 箱垂直度 | 高 500mm 以下 | 1.5mm | 吊线、尺量检查 |
| | 高 500mm 以上 | 3mm | |
| 箱高度 | | 5mm | 尺量 |
| 盒垂直度 | | 1mm | 吊线、尺量 |
| 盒高度 | 并列安装高度 | 0.5mm | 尺量 |
| | 同一场所高差 | 5mm | |
| 盒、箱凹进墙面深度 | | 10mm | |

## 5.3.2 如何安装强电箱

### 1. 了解强电配电箱

强电配电箱按照安装的方式分为明装箱和暗装箱。

明装箱

暗装箱

强电配电箱的挑选要点如下：

①根据家中控制回路空开的数量选择配电箱尺寸。

②宜选择金属材料的箱体。

③安装导轨采用标准 35mm 导轨，材料要坚固耐用。

④零线排、接地排采用铜合金材料，不易腐蚀生锈。

⑤连接螺钉不易打毛，不易腐蚀生锈，通电测试不易发黑。

⑥外壳可以选用塑料或金属盖，开门方便，材料应不易破损，固定件可靠牢固。

### 2. 强电配电箱的设置要求

①配电箱内应设置动作电流保护器（30mA），分为几路经过控制开关，分别控制照明回路、插座回路，如果面积较大，需要再细分。

②如果有特殊需要，还可以将卫生间和厨房设置成单独的回路控制。

③如果有独立儿童房，可以单独控制其回路，平时关闭插座回路以保证安全。

④配电箱的总开关若使用不带漏电保护功能的开关，就要选择能够同时分断火线、零线的 2P 开关。

⑤卫生间、厨房等潮湿的空间，一定要选择带有漏电保护的开关。

⑥控制开关的工作电流应与所控制回路的最大工作电流相匹配，一般家用总开关用 2P 40A、63A（带漏电保护或不带漏电保护），照明 10A，插座 16 ~ 20A，1.5P 的挂式空调为 20A，3 ~ 5P 的柜式空调 25 ~ 32A，10P 左右的中央空调需要独立的 2P 40A 左右，卫生间厨房 25A。

### 3. 断路器的挑选

质量较好的断路器产品特点：手感应沉重，开关开合没有滞涩感，开关有明显的开合标志；连接螺钉不易打毛、不易腐蚀生锈，接线紧固后不易松动。

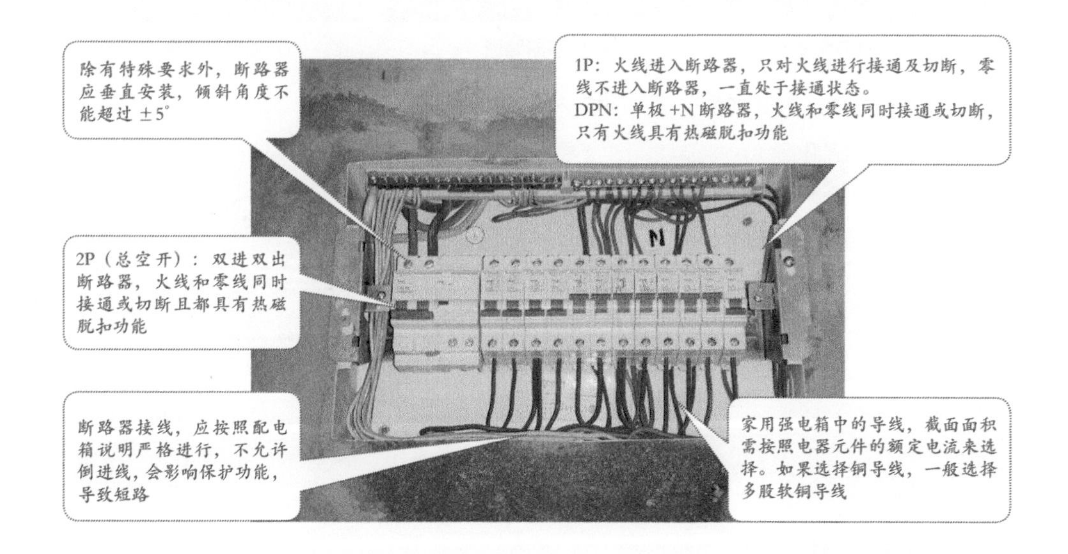

**4. 强电配电箱安装**

①根据预装高度与宽度定位画线。

②用工具剔出洞口，敷设管线。

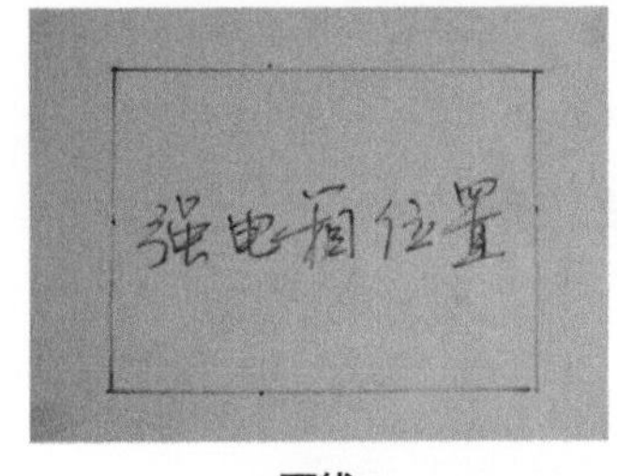

画线

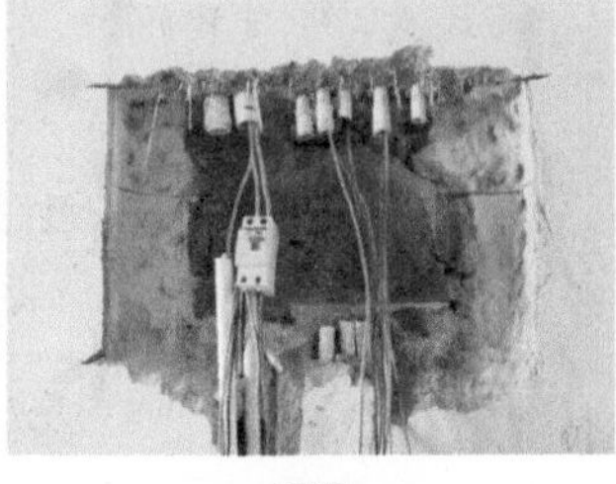
剔洞

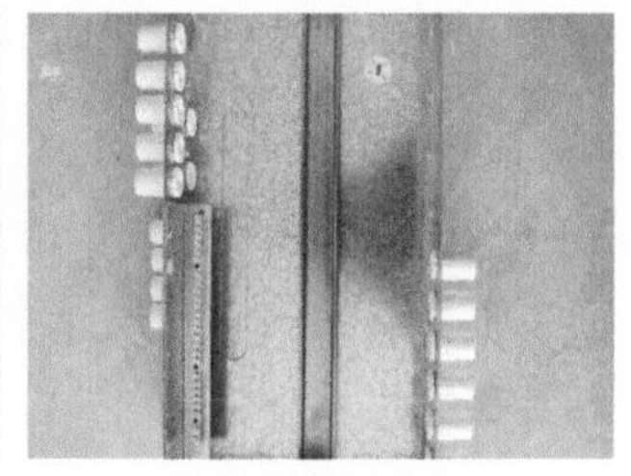
强电总箱套杯梳

③将强电箱箱体放入预埋的洞口中稳埋。

④将线路引进电箱内。

⑤安装断路器、接线。

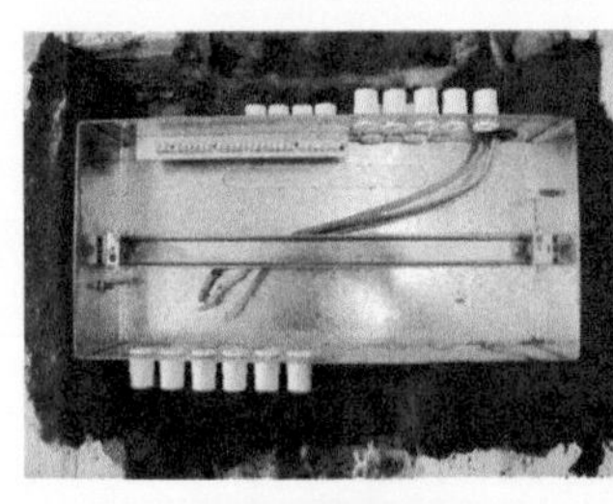
强电总箱埋设

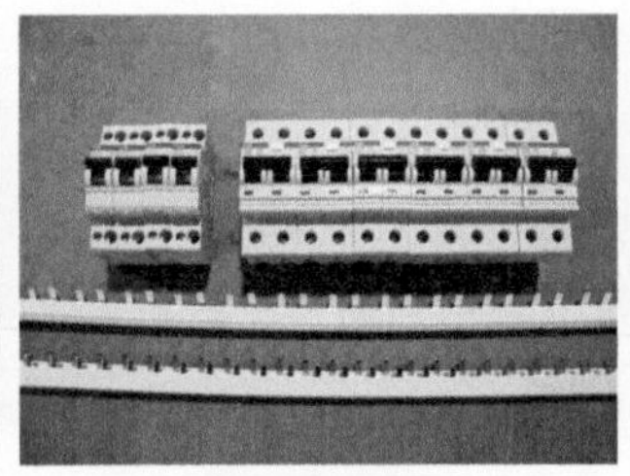
安装断路器

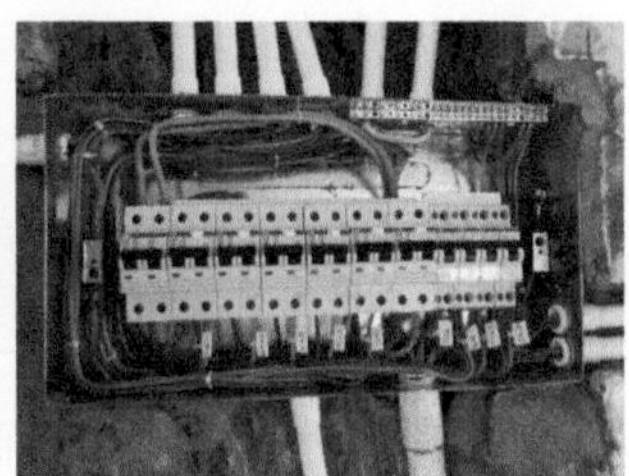
强电箱接线

⑥检测电路，安装面板，并标明每个回路的名称。

绝缘电阻测试

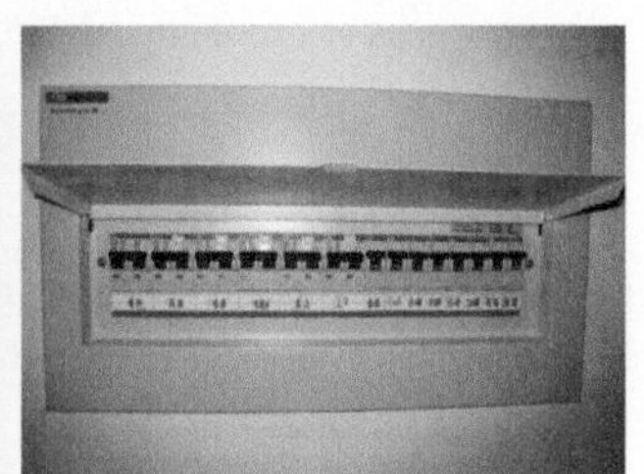
标明回路名称

## 5.3.3 如何安装弱电箱

**1. 了解弱电配电箱**

家居弱电箱又称为多媒体信息箱，它的功能是将电话线、电视线、网线等信息线缆集中在一起，然后统一分配，提供高效的信息交换与分配。

弱电箱的组成

### 2. 弱电配电箱的安装

①根据预装高度与宽度定位画线。

②用工具剔出洞口、埋箱，敷设管线。

> **Tips**
>
> 信息线缆在进箱后应预留300mm。综合信息接入箱宜采用暗装式低位安装，箱体底边距离地面不应小于300mm。

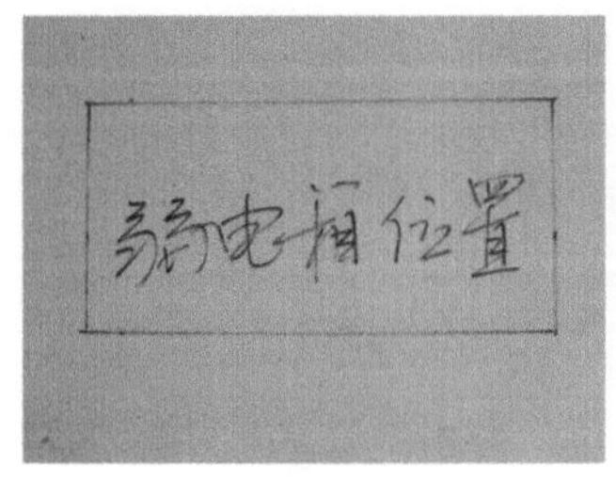


画线

剔洞、敷设管线

选好箱体

③根据线路的用处不同压制相应的插头。

④测试线路是否畅通。

⑤安装模块条、安装面板。

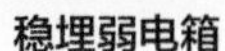

稳埋弱电箱

压制插头、测试路线

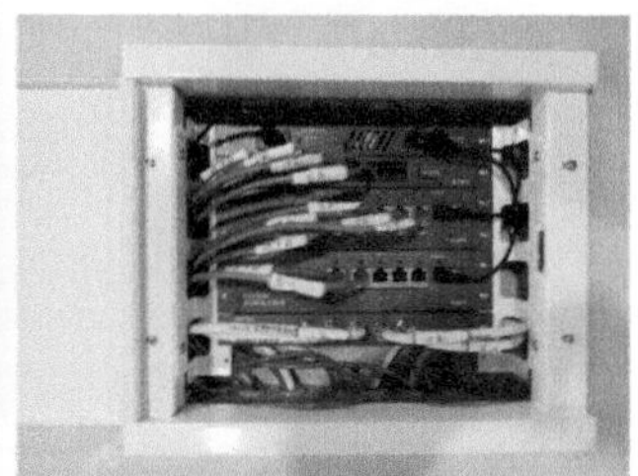

安装模块及面板

## 5.3.4 开关、插座的安装位置

### 1. 插座的安装位置

插座的安装位置直接影响人们的日常使用，而且还会影响装饰美观，所以在电路改造中，一定要特别注意插座的安装位置。客厅里插座除特殊要求以外一般低插0.3m，增加插座要与原插座持平。

插座安装距地参考高度见下表。

| 插座用途 | 距地面高度 | 备注 |
| --- | --- | --- |
| 电冰箱 | 0.3m或1.5m | 宜选择单三极插座 |
| 分体式、挂式空调 | 1.8m | 宜根据出线管预留洞位置设置 |
| 窗式空调 | 1.4m | 在窗口旁设置 |
| 柜式空调 | 0.3m | — |
| 电热水器 | 1.8 ~ 2.0m | 安装在热水器右侧，不要将插座设在电热水器上方 |
| 燃气热水器 | 1.8m或2.3m | — |
| 电视机 | 0.2 ~ 0.25m（在电视柜下面的插座）<br>0.45 ~ 0.6m（在电视柜上面的插座）<br>1.1m（壁挂电视插座） | — |
| 计算机 | 1.1m | — |
| 坐便器旁边 | 0.35m | 需要用防水插座 |
| 洗衣机 | 1.2 ~ 1.5m | 宜选择带开关三极插座 |
| 油烟机 | 2.15 ~ 2.2m | 根据橱柜设计，最好能为脱排管道所遮蔽 |
| 微波炉 | 1.6m | — |
| 垃圾处理器 | 0.5m | 放在水槽相邻的柜子里 |
| 小厨宝 | 0.5m | 放在水槽相邻的柜子里 |
| 消毒柜 | 0.5m | 在消毒柜后面 |
| 露台 | 1.4m以上 | 尽可能避开阳光、雨水所及范围 |

Tips

a. 一般插座下沿应距地面0.3m，且安装在同一高度的相差不能超过5mm。
b. 客厅卧室每个墙面，两个插座间距离应不大于2.5m，墙角0.6m范围内至少安装一个备用插座。
c. 厨房、卫生间、露台的插座安装应尽可能远离用水区域。如必须靠近，应配置插座防溅盒。
d. 近灶台上方不得安装插座，厨房所有台面插座距地1.25 ~ 1.3m，一般装四个。

**2. 开关的安装位置**

①开关安装高度一般离地面 1.2 ~ 1.4m，且处于同一高度的高差不能超过 5mm。

②门旁边的开关一般安装在门右边，且不能在门背后。开关边缘距门边 0.1~0.2m。

③几个开关并排安装或多位开关，应将控制电器位置与各开关功能件位置相对应，如最左边的开关应当控制相对最左边的电器。

④靠墙书桌、床头柜上方 0.5m 高度可安装必要的开关，便于用户不用起身也可控制室内电器。

⑤厨房、卫生间、露台的开关安装应尽可能避免靠近用水区域。如必须靠近，应配置开关防溅盒。

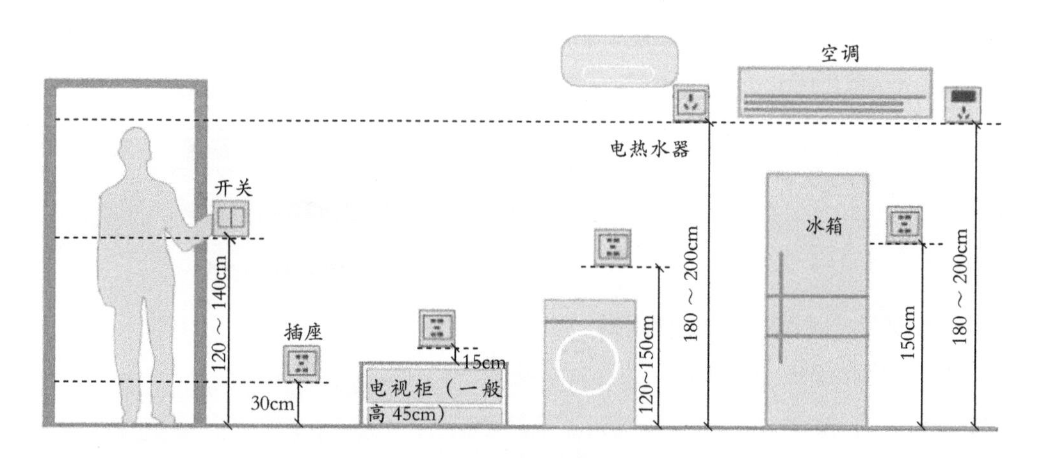


开关、插座高度示意

## 5.3.5 如何连接开关、插座底盒

**1. 开关、插座底盒连接操作**

①预埋。按照稳埋盒、箱的正确方式将线盒预埋到位。

②敷设线路。管线按照布管与走线的正确方式敷设到位。

③清理。用錾子轻轻地将盒内残存的灰块剔掉，同时将其他杂物一并清出盒外，再用湿布将盒内灰尘擦净。如导线上有污物也应一起清理干净。

预埋、敷设线路

④接线。先将盒内甩出的导线留出 15 ~ 20cm 的维修长度，削去绝缘层，注意不要碰伤线芯，如开关、插座内为接线柱，将导线按顺时针方向盘绕在开关、插座对应的接线柱上，然后旋紧压头。

插座暗盒内接线

### 2. 开关、插座底盒的连接规范

①线盒预埋尺寸应准确，不宜太深或高低不一。

②盒内应清理干净，不应留有水泥砂浆等杂物。

③一个底盒内不应装太多电线，会影响安装和使用安全。

④强、弱电线不能共用一个底盒。

⑤电线应按照相应的火线将颜色分开。

⑥底盒内的封端连接要用绝缘胶布包扎起来。

⑦明盒、暗盒不能混装。

⑧电线管应插入底盒内，线管与底盒之间应用锁扣连接。

⑨底盒穿入的每根电线管内的电线数量不宜超过 3 根。

> **Tips**
>
> 为了保证安全和使用功能，在配电回路中的各种导线连接均不得在开关、插座的端子处以套接压线方式连接其他支路。

## 5.3.6 如何安装开关

### 1. 开关的安装步骤

电器、灯的火线应经开关控制，其安装步骤如下。

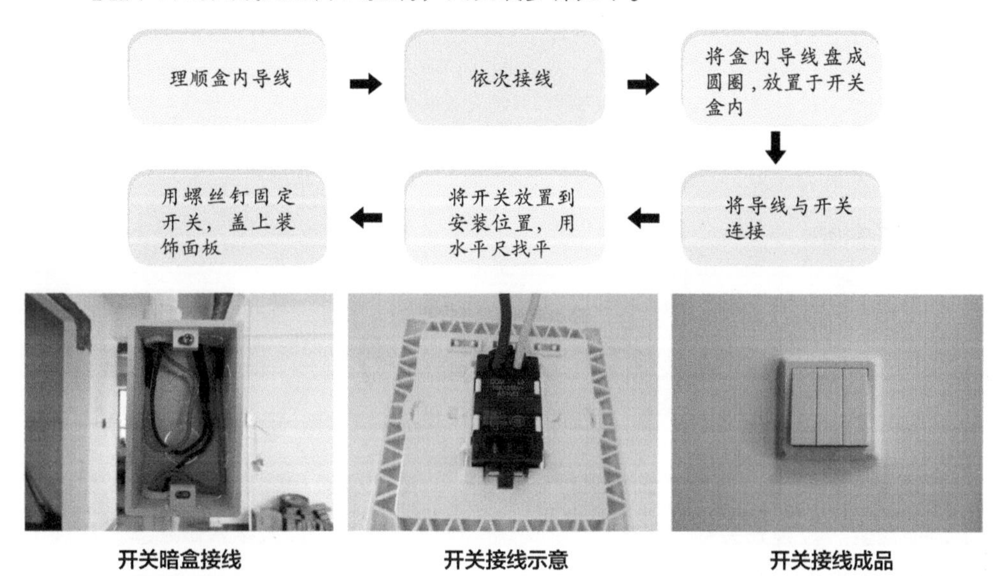


开关暗盒接线　　开关接线示意　　开关接线成品

### 2. 开关的安装要求

①安装在同一房间中的开关，宜采用同一系列的产品，且翘板开关的开、关方向应一致。

开关防水盖

②同一室内开关与开关、插座与插座的水平位置应一致。

③一般住宅不得采用软线引到床边的床头开关上。

④接线时，应将线盒内的导线捋顺，依次接线后，将盒内的导线盘成圆圈，放在开关盒中。

⑤窗上方、吊柜上方、管道背后、单扇门后均不应安装控制灯具的开关。

⑥多尘潮湿的场所应选择防水瓷质拉线开关或加装防水盖。

## 5.3.7 如何检测开关面板

检测开关面板需要用万用表（具体使用方法可参照本书“5.1.6 节中的万用表”相关内容）。检测开关面板的操作要点见下表。

| 方法 | 内容 |
| --- | --- |
| 电阻检测 | 用万用表电阻挡检测开关面板（未接电情况下）接线端的火线端头、零线端头通断功能是否正常。开关接通时电阻应显示为 0，断开时显示为∞，如果始终显示为 0 或者∞说明连接异常 |
| 手感检测 | 开关手感应轻巧、柔和，没有滞涩感，声音清脆，打开、关闭应一次到位 |
| 外表检测 | 面板表面应完好，没有任何破损、残缺，没有气泡、飞边以及变形、划伤 |

## 5.3.8 如何安装拉线开关

拉线开关是通过一根绝缘线来控制电灯的，拉动绝缘线就可使开关接通或断开电，很安全。拉线开关的安装高度应不小于 1.8m，以圆木或人字木做底座。拉线出口应垂直向下。

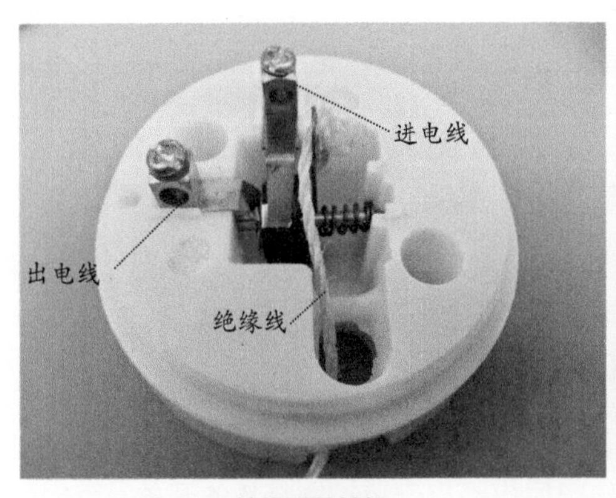

拉线开关结构

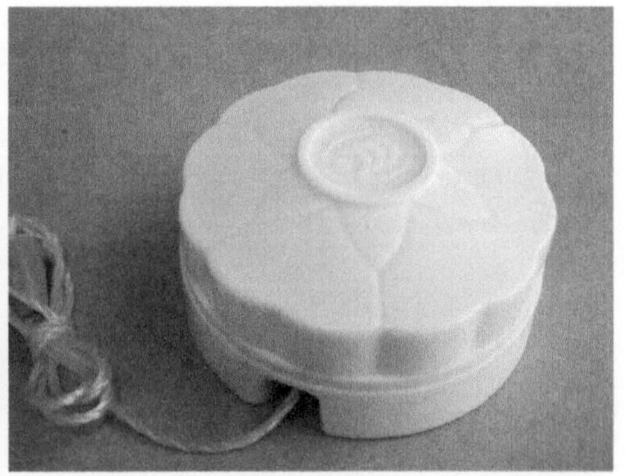
拉线开关安装图

## 5.3.9 如何安装插座

### 1. 插座的安装方法

插座安装有横装和竖装两种方法。横装时，面对插座的右极接火线，左极接零线。竖装时，面对插座的上极接火线，下极接零线。单相三孔及三相四孔的接地或接零线均应在上方。

插座安装示意图

插座面板的接线要求为“左零右火”，L 接火线，N 接零线。

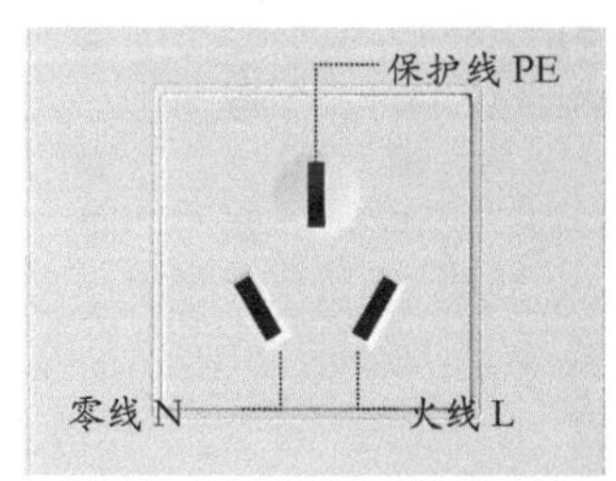


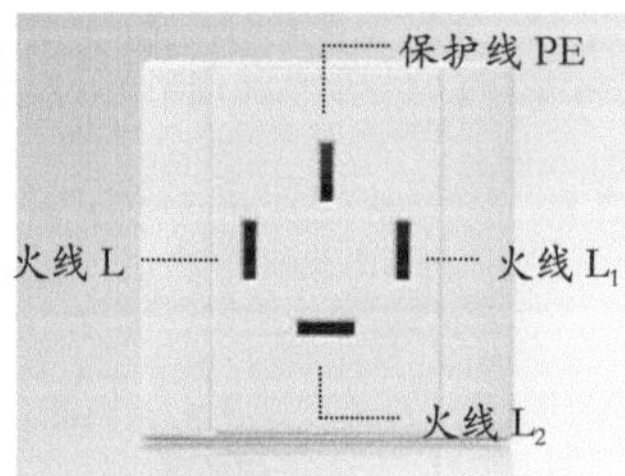


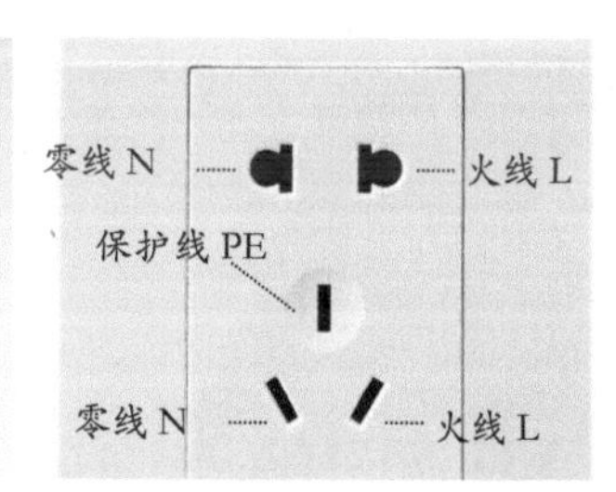


插座火线连接示意

## 2. 插座的安装要求

①同一室内的强、弱电插座面板应在同一水平高度上，差距应小于 5mm，间距应大于 50mm。

②为了避免交流电源对电视信号的干扰，电视线线管、插座与交流电源线管、插座之间应有 50mm 以上的距离。

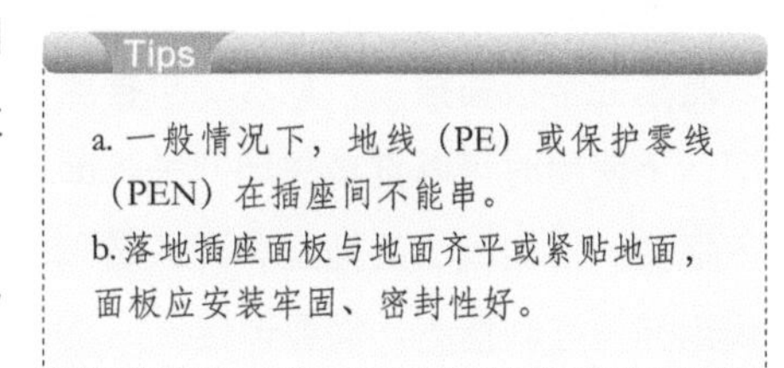
Tips

a. 一般情况下，地线（PE）或保护零线（PEN）在插座间不能串。

b. 落地插座面板与地面齐平或紧贴地面，面板应安装牢固、密封性好。

③安装的插座面板应紧贴墙面，四周没有缝隙，安装牢固，表面光滑整洁，没有裂痕、划伤，装饰帽齐全。

④当插座上方有暖气管时，其间距应大于 200mm，下方有暖气管时，其间距应大于 300mm。

⑤在潮湿场所，应采用密封良好的防水防溅插座，高度不能低于 1500mm。

⑥儿童房不采用安全插座时，插座的安装高度不应低于 1800mm。

## 5.3.10 如何检测插座

插座的检测方式有电阻检测和插座检测仪检测两种。

①电阻检测。插座的火线、零线、地线之间正常均不通，即万用表检测时显示为∞，如果出现短路，则不能够安装。

②插座检测仪检测。检验接线是否正确可以使用插座检测仪，通过观察验电器上 N、PE、L 三盏灯的亮灯情况，判断插座是否能正常通电。

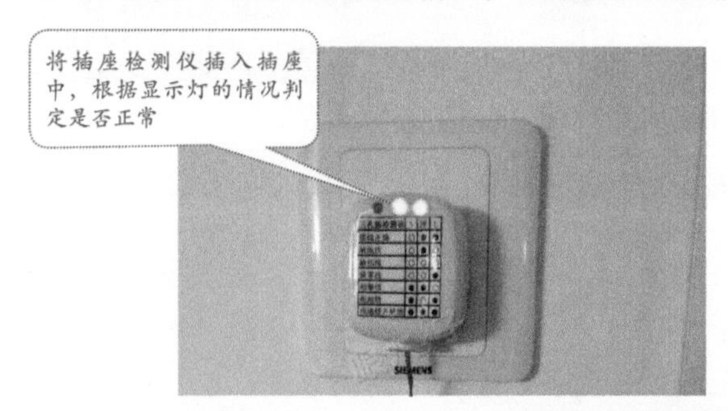


| | N | PE | L |
|---|---|---|---|
| 接线正确 | ○ | ● | ● |
| 缺地线 | ○ | ● | ○ |
| 缺火线 | ○ | ○ | ○ |
| 缺零线 | ○ | ○ | ● |
| 火零错 | ● | ● | ○ |
| 火地错 | ● | ○ | ● |
| 火地错并缺地 | ● | ● | ● |

插座检测仪检测通电

## 5.3.11 如何在插座面板上实现开关控制插座

有一些插座的面板上同时带有开关，可以通过开关来控制插座电路的通断，使用起来更方便，可以避免经常拔插插头，如洗衣机插座。采用此种类型，不使用时可以直接关闭开关来断电，不需要拔下插头。但面板上的插座和开关是独立的，为了实现用开关控制插座，需要连接。

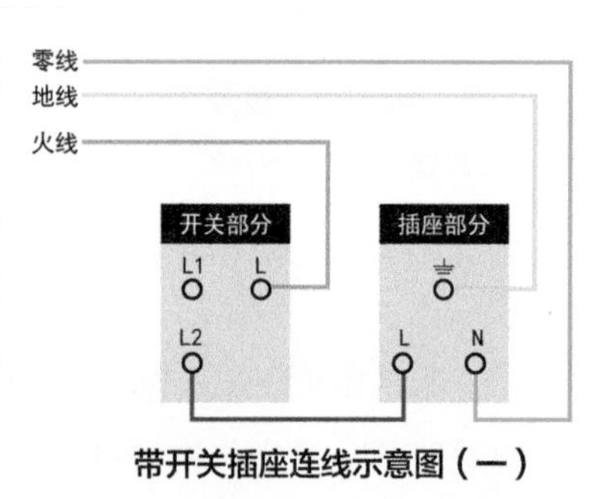


带开关插座连线示意图（一）

连接方法如下：

①从开关开始，L 接火线，L1 或 L2 中的一个接到插座上的 L 孔，另一个孔空出来。

②插座上的 N 接零线，插座上的地线接口接通地线，连接完成。

③这种接线方法适用于一开五孔插座、一开三孔插座、两开五孔插座等。

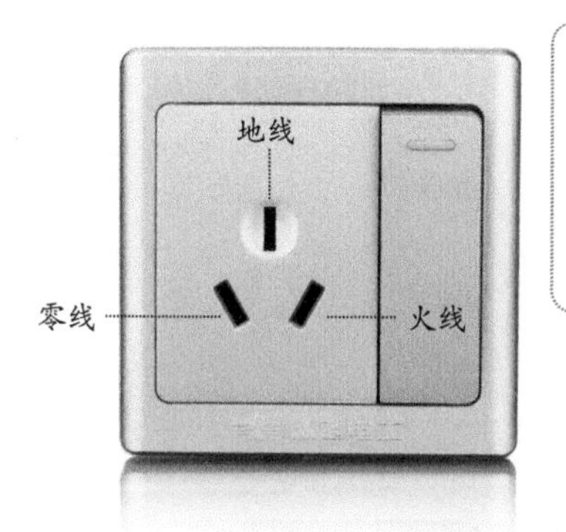


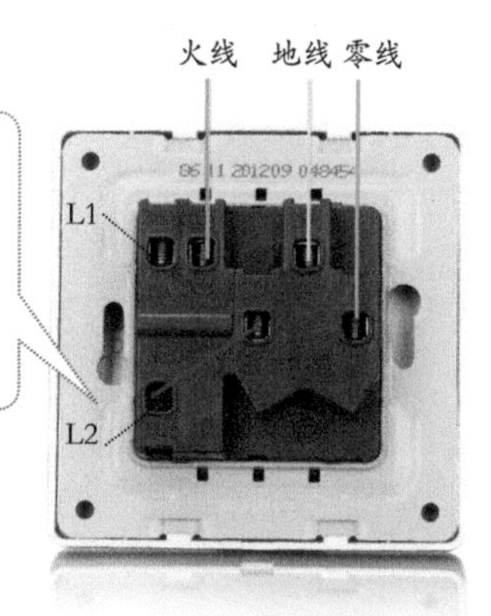


带开关插座连线示意图（二）

开关上的标志：L 一般为火线进线，而 L1、L2、L11、L21 这些都表示火线出线。

| L | L1 | L11 | L12 | L2 | L21 | L22 |
|---|---|---|---|---|---|---|
| 火线 | 火线出线 1 | 火线出线 11 | 火线出线 12 | 火线出线 2 | 火线出线 21 | 火线出线 22 |

插座上的标志：L 同样表示火线，N 表示零线，还有个三横一竖的表示接地线。A 是额定电流，V 是额定电压。

| N | V | A | ⏚ |
|---|---|---|---|
| 零线 | 额定电压 | 额定电流 | 接地线 |

## 5.3.12 如何连接电视插座

电视插座的连接步骤如下。

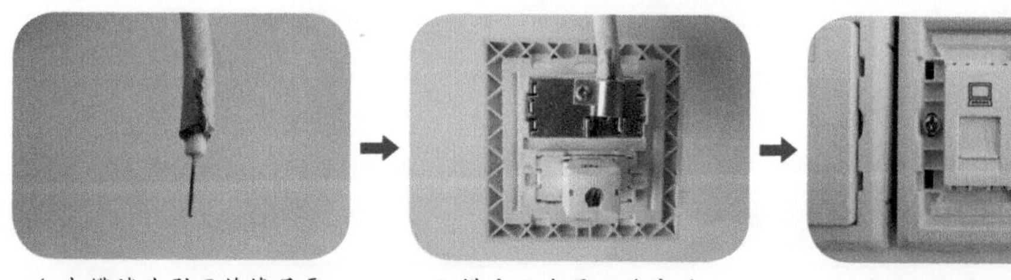


1. 电缆端头剥开绝缘层露出芯线约 20mm，金属网屏蔽线露出约 30mm

2. 横向从金属压片穿过，芯线接中心，屏蔽网由压片压紧，拧紧螺钉

3. 将面板安装固定

## 5.3.13 如何连接四芯线电话插座

四芯线电话插座连接步骤如下。

| | | |
|---|---|---|
| 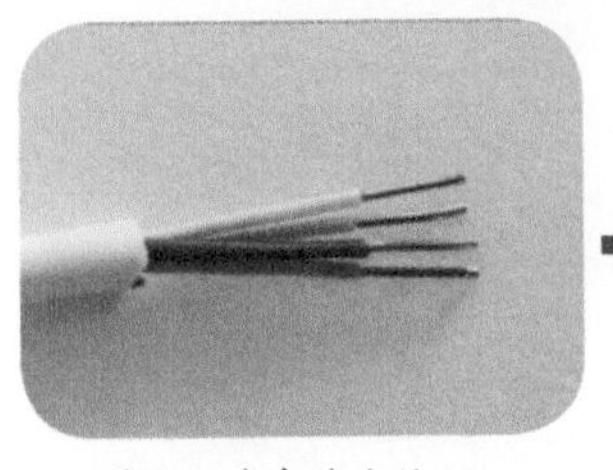 |  |  |
| 1. 将电话线自端头约 20mm 处去掉绝缘皮，注意不能伤害到线芯 | 2. 将四根线芯按照盒上的接线示意连接到端子上，有卡槽的放入卡槽中固定好 | 3. 将面板安装固定 |

## 5.3.14 如何连接网线插座

网线插座连接步骤如下。

| | | | |
|---|---|---|---|
|  |  |  |  |
| 1. 将距离端头 20mm 处的网线外层塑料套剥去，注意不要伤害到线芯，将导线散开 | 2. 插线时每孔进2根线，色标下方有 4 个小方孔，分为 A、B 色标，一般用 B 色标 | 3. 打开色标盖 | 4. 将网线按色标分好，注意将网线拉直 |
| 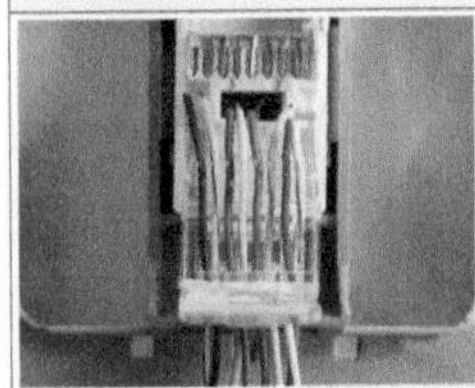 | 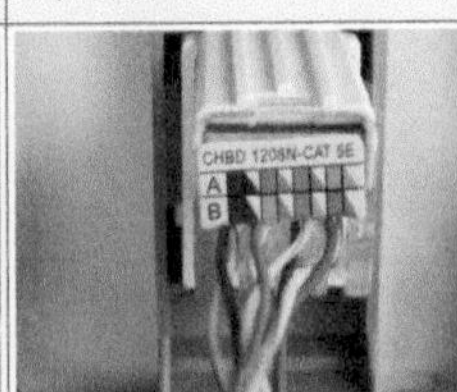 |  | |
| 5. 将网线按照色标顺序卡入线槽 | 6. 反复拉扯网线，确保接触良好，合拢色标盖时，用力卡紧色标盖 | 7. 完成效果图 | |

# 5.4 灯具的安装

## 5.4.1 灯具的类型

家中常用的灯具包括吊灯、射灯、台灯、壁灯、筒灯、灯带等，均有不同的特点。各种灯具的性能及特点如下。

## 5.4.2 灯具的安装要求

各灯具的安装作业均须断电进行，具体安装要求见下表。

| 序号 | 内容 |
|---|---|
| 1 | 灯具及配件应齐全，无机械损伤、变形、油漆剥落和灯罩破裂等缺陷 |
| 2 | 安装灯具的墙面、吊顶上的固定件的承载力应与灯具的重量相匹配 |
| 3 | 吊灯应装有挂线盒，每只挂线盒只可装一套吊灯 |
| 4 | 吊灯表面不能有接头，导线截面不应小于0.4mm$^2$。重量超过1kg的灯具应设置吊链，重量超过3kg时，应采用预埋吊钩或螺栓方式固定 |
| 5 | 吊链灯具的灯线不应承受拉力，灯线应与吊链编在一起 |
| 6 | 荧光灯作光源时，镇流器应装在火线上，灯盒内应留有裕量 |
| 7 | 螺口灯头火线应接在中心触点的端子上，零线应接在螺纹的端子上，灯头的绝缘外壳应完整、无破损和漏电现象 |
| 8 | 固定花灯的吊钩，其直径不应小于灯具挂钩，且灯的直径不得小于6mm |
| 9 | 采用钢管作为灯具吊杆时，钢管内径不应小于10mm；钢管壁厚度不应小于1.5mm |
| 10 | 以白炽灯作光源的吸顶灯具不能直接安装在可燃构件上；灯泡不能紧贴灯罩；当灯泡与绝缘台之间的距离小于5mm时，灯泡与绝缘台之间应采取隔热措施 |
| 11 | 软线吊灯的软线两端应做保护扣，两端芯线应搪锡 |
| 12 | 同一室内或场所成排安装的灯具，其中心线偏差不应大于5mm |
| 13 | 灯具固定应牢固。每个灯具固定用的螺钉或螺栓不应少于2个 |

## 5.4.3 如何安装普通座式灯头

①将电源线留足维修长度后剪除余线并剥出线头。

②区分火线与零线，对应螺口灯座中心簧片应接火线，不得混淆。

③用连接螺钉将灯座安装在接线盒上。

座式灯头

## 5.4.4 如何安装吊线式灯头

①将电源线留足维修长度后剪除余线并剥出线头。

②将导线穿过灯头底座，用连接螺钉将底座固定在接线盒上。

③根据所需长度剪取一段灯线，在一端接上灯头，系好保险扣，接线时区分火线与零线，螺口灯座中心簧片应接火线，不能混淆。

④多股线芯接头应搪锡，连接时接头均应按顺时针方向弯钩后压上垫片用灯具螺钉拧紧。

⑤将灯线另一头穿入底座盖碗，灯线在盖碗内应系好保险扣并与底座上的电源线用压接帽连接，旋上扣碗。

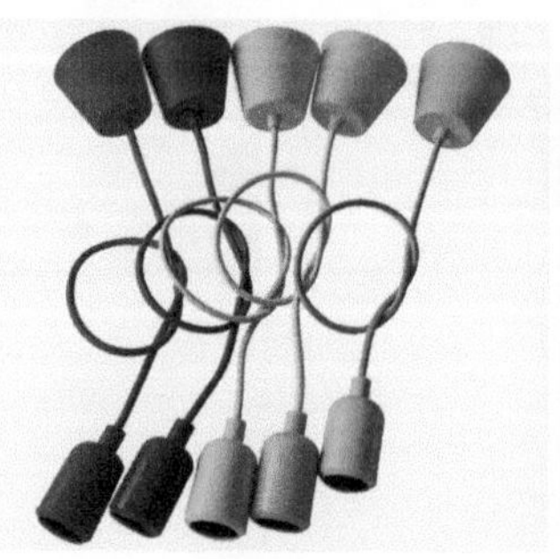

吊式灯头

## 5.4.5 如何安装日光灯

①打开灯具底座盖板，根据图纸确定安装位置，将灯具底座贴紧建筑物表面，灯具底座应完全遮盖住接线盒，对着接线盒的位置开好进线孔。

②比照灯具底座安装孔用铅笔画好安装孔的位置，打出尼龙栓塞孔，装入栓塞（如为吊顶，可在吊顶板上木龙骨或轻钢龙骨上用自攻螺钉固定）。

③将电源线穿出后用螺钉将灯具固定并调整位置以满足要求。

④用压接帽将电源线与灯内导线可靠连接，装上启辉器等附件。

⑤盖上底座盖板，装上日光灯管。

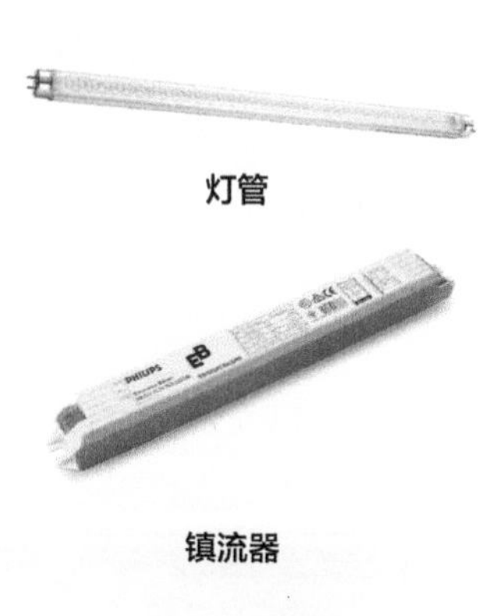

灯管

镇流器

启辉器

## 5.4.6 如何安装吸顶灯

吸顶灯的安装要点如下。

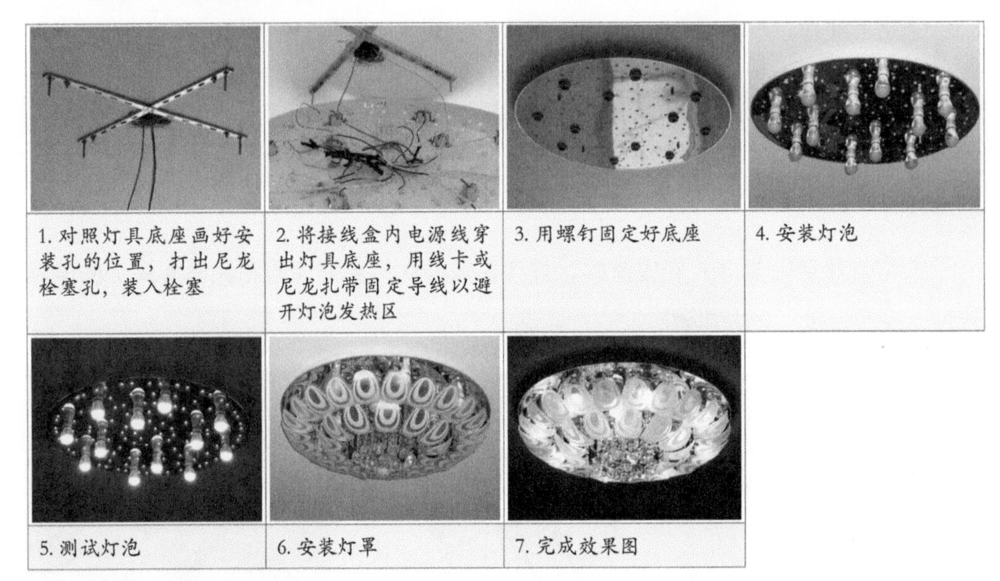

| | | | |
|---|---|---|---|
| 1. 对照灯具底座画好安装孔的位置，打出尼龙栓塞孔，装入栓塞 | 2. 将接线盒内电源线穿出灯具底座，用线卡或尼龙扎带固定导线以避开灯泡发热区 | 3. 用螺钉固定好底座 | 4. 安装灯泡 |
| 5. 测试灯泡 | 6. 安装灯罩 | 7. 完成效果图 | |

## 5.4.7 如何安装壁灯

①定位。根据壁灯挂板上的孔（需要打膨胀螺丝的位置）在墙上做上标记。

②打孔。根据标记在墙上钻孔，需要提前了解线路布置图，以防钻到线路。

③上膨胀螺丝。将膨胀螺丝塞进已经钻好的孔里，用锤子将其打入墙里。

④安装底盘。将挂板拧在膨胀螺丝上，然后用螺丝把挂板和壁灯底盘连接起来。

⑤装壁灯。断开室内电源，把壁灯的电线和电源线连接好后，再装上壁灯。

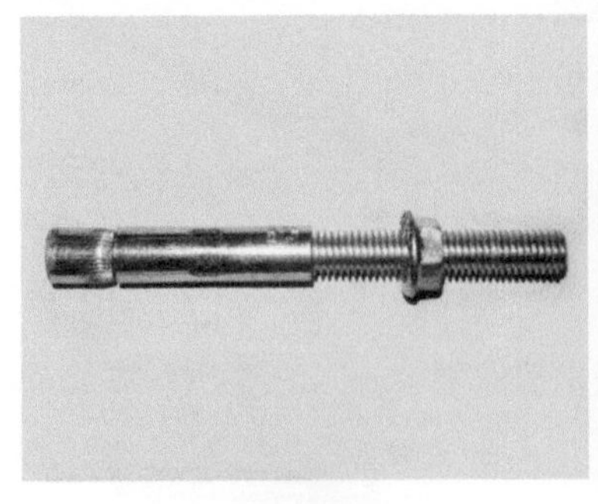

膨胀螺丝

室内壁灯

室外壁灯

Tips

壁灯灯具下边缘的高度一般要稍微高过视平线，大概在 1.8m 左右。壁灯光源的高度距离工作面一般为 1440~1850mm，距离地面则为 2240~2650mm。卧室床头上方的壁灯光源距离地面 1400~1700mm。壁灯挑出墙面的距离一般在 95~400mm。

## 5.4.8 如何安装嵌入式灯具（灯带）

嵌入式灯具（灯带）的安装步骤如下。

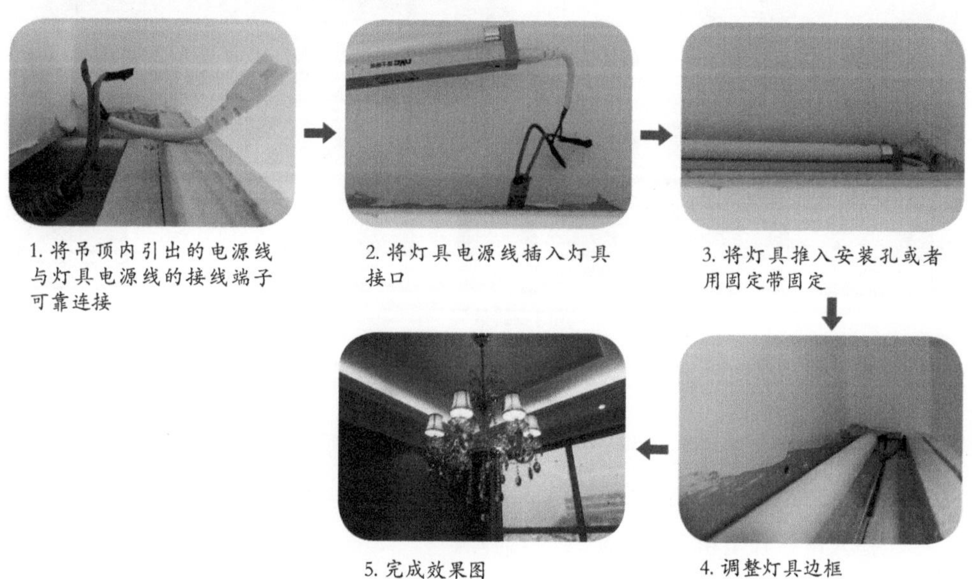

1. 将吊顶内引出的电源线与灯具电源线的接线端子可靠连接

2. 将灯具电源线插入灯具接口

3. 将灯具推入安装孔或者用固定带固定

4. 调整灯具边框

5. 完成效果图

## 5.4.9 如何安装花灯

①应预先根据位置及尺寸开孔，若为悬挂式需要安装吊钩。

②将组装好的灯具托起，用预埋好的吊钩挂住灯具内的吊钩。

③捋顺各个灯头和另一端的火线与零线。

④将吊顶内引出的电源线与灯具电源的接线端子可靠连接（若为吊灯，将电源接线从吊杆中穿出），用线卡或尼龙捆扎带固定导线，避开灯泡发热区。

⑤将灯具推入安装孔固定，调整灯具边框。如灯具对称安装，其纵向中心轴线应在同一直线上，偏斜不应大于 5mm。

⑥安装灯泡、灯罩。

花灯安装效果

## 5.4.10 如何安装吊扇灯

①将吊球放入吊杆的一端以悬挂，穿入吊盅，将从电机出来的线穿过吊杆和吊盅。

②插入吊杆到电机顶端，旋转并对齐洞口，然后插入插口销。注意将插口销的两个脚弯曲，以防止插口销脱落。

③通过吊杆边上的固定螺丝连接支架，有些吊扇使用两个螺钉，特别注意锁紧螺丝。

> **Tips**
>
> a. 须是浇灌的水泥楼顶，预制板如果没有预留好吊钩就不能安装；
>
> b. 如果层高低于2.6m，要用吸顶式安装方法，如果超过3m高就要加长吊杆，确保安装后扇叶到地板的高度不低于2.3m。

④通过颜色确定火线和零线，黑色的是吊扇电机火线，蓝线是连接灯开关的火线，白色的线是灯和吊扇电机共用的零线，黄绿线是地线。确保所有的明线连接是用接线帽进行的。线路连接完成，轻轻将线放入接线盒。在接线前，一定要首先看清楚接线线路图。

⑤仔细检查吊架上的凸起是否落在吊球的凹槽里面。然后将吊盅推到上方，通过螺钉将固定架和吊盅紧密结合。

⑥用附带的螺丝和垫片进行每一片叶片和叶叉的连接，每一个叶片进行重复操作。然后用同样的方法将叶叉和叶片安装到电机上。

吊扇灯安装示意图

## 5.5 其他用电设备的安装

### 5.5.1 如何安装吊扇

吊扇安装步骤如下。

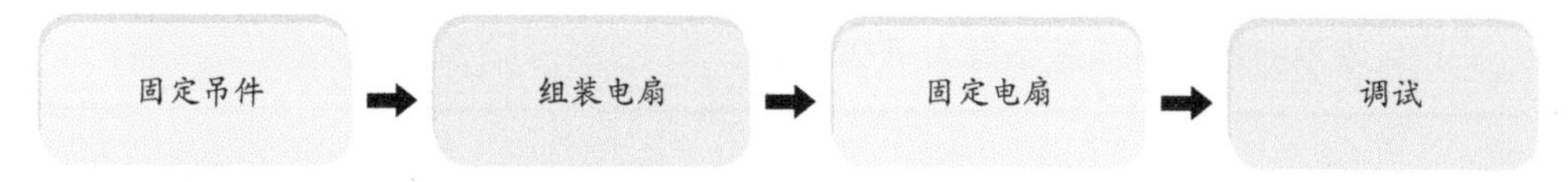


安装要求如下：

①吊钩挂上吊扇后，吊扇的重心与吊钩直线部分应在同一直线上。

②吊钩应能够承受吊扇的重量与运转时的作用力，吊钩的直径不能小于吊扇悬挂销钉的直径，且不能小于 8mm。

③安装吊扇必须预埋吊钩或螺栓，且必须牢固可靠。

④吊钩伸出长度应以盖上风扇吊杆护罩后能将整个吊钩全部罩住为宜。

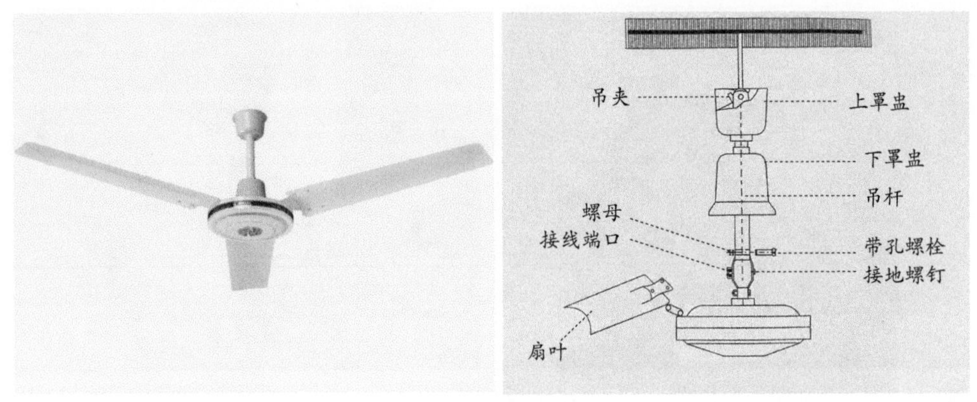


吊扇安装示意

## 5.5.2 如何安装壁扇

壁扇安装步骤如下。

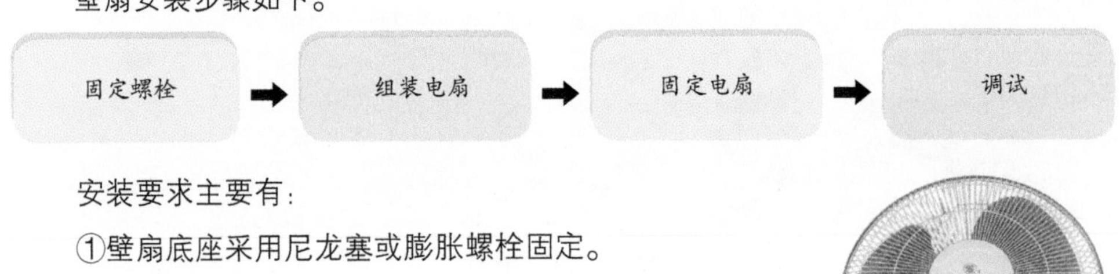


安装要求主要有：

①壁扇底座采用尼龙塞或膨胀螺栓固定。

②尼龙塞或膨胀螺栓的数量不少于 2 个，直径不小于 8mm，固定牢固可靠。

③壁扇防护罩扣紧，固定可靠。

④当运转时扇叶和防护罩无明显颤动和异常声响。

⑤为了不妨碍人的活动，壁扇下边缘距离地面的高度不宜小于 1.8m。

⑥底座平面的垂直偏差不宜大于 2mm。

壁扇

## 5.5.3 如何安装排气扇

①安装前检查产品是不是完整无损，各紧固件螺栓是否松动或脱落，排气扇的叶轮有无磕碰，扇叶或百叶有无变形受损。

②安装时应注意水平位置，应与地基平面水平，安装后不可有倾斜现象。

③安装排气扇时应使电机的调理螺栓处于便利操作的位置。

④安装排气扇支架，一定要让支架与地基平面水平一致，必要时在换气扇旁装

置角铁进行再加固。

⑤排气扇风机安装完后，要对其周围密封性进行查看。如有空隙，可用玻璃胶进行密封。

⑥安装完成后，用手或杠杆拨动扇叶，检查是否有过紧或擦碰现象，有无妨碍转动的物品，无异常现象后方可进行试运转；运转中如出现异常声响应检查修复后再使用。

Tips

a. 排气扇应距地面 2.5m 以上，距屋顶 0.05m 以上。

b. 吸顶式排气扇不要安装在油烟多、灰尘多以及温度高的地方，带风扇的壁式排气扇既可在各场所通风换气，也可用于抽油烟。

c. 排风扇的电源线中黄绿双色线必须接地，排气扇的电源尽量接全极开关。

排气扇安装示意

## 5.5.4 如何安装浴霸

### 1. 浴霸布线要求

①严禁带电作业，应确保电路断开后才能进行接线操作。开关盒内的线不宜过长，接线后尽量将电线往里面送，不要强塞。

②电线在吊顶内不能乱放，配管后走向应明确，做到横平竖直，配管的接线盒或者转弯处应设置两侧对称的支吊架固定电线管，或者配备管卡。

③分线盒也可以在打孔塞木楔后用铁钉固定，不能无任何固定措施而放在龙骨或者吊杆上。

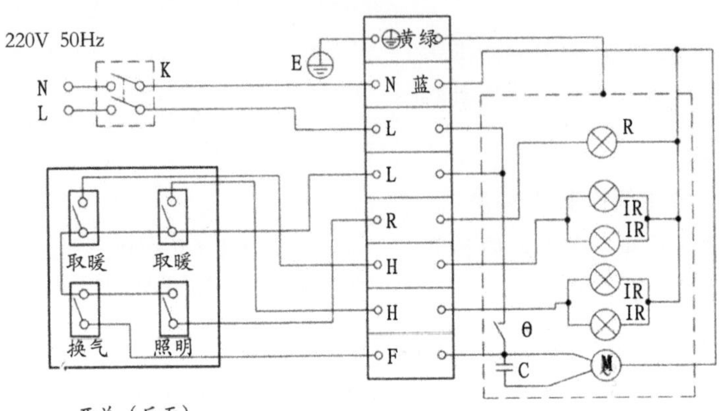


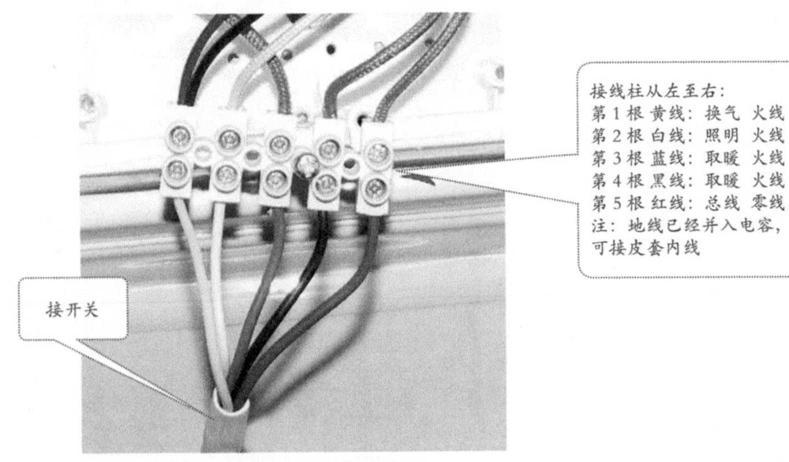


浴霸接线图

## 2. 浴霸安装步骤

浴霸安装的具体内容见下表。

| 步骤 | 内容 |
| --- | --- |
| 安装前准备 | 确定浴霸类型；确定浴霸安装位置；开通风孔（应在吊顶上方150mm处）；安装通风窗；吊顶准备（吊顶与房屋顶部形成的夹层空间高度不得小于220mm） |
| 取下面罩 | 取下面罩，把所有灯泡拧下，将弹簧从面罩的环上脱开并取下面罩 |
| 接线 | 交互连软线的一端与开关面板接好，另一端与电源线一起从天花板开孔内拉出，打开箱体上的接线柱罩，按接线图及接线柱标志所示接好线，盖上接线柱罩，用螺栓将接线柱罩固定，然后将多余的电线塞进吊顶内，以便箱体能顺利塞进孔内 |
| 连接通风管 | 把通风管伸进室内的一端拉出套在离心通风机罩壳的出风口上 |

| 步骤 | 内容 |
| --- | --- |
| 把箱体推进孔内 | 根据出风口的位置选择正确的方向，把浴霸的箱体塞进孔穴中，用4颗直径4mm、长20mm的木螺钉将箱体固定在吊顶木档上 |
| 安装面罩 | 将面罩定位脚与箱体定位槽对准后插入，把弹簧勾在面罩对应的挂环上 |
| 安装灯泡 | 细心地旋上所有灯泡，使之与灯座保持良好的接触，然后将灯泡与面罩擦拭干净 |
| 固定开关 | 将开关固定在墙上，并防止使用时电源线承受拉力 |

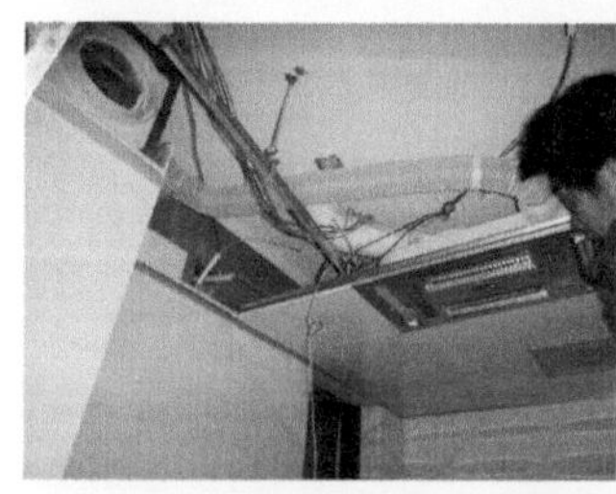

浴霸安装示意

## 5.5.5 如何安装燃气热水器

### 1. 安装燃气热水器的距离要求

①热水器的安装高度以燃气热水器的观火孔与人眼高度相齐为宜，一般距地面1.5m，排烟口离天花板距离应大于600mm。

②热水器应安装在耐火的墙壁上，与墙的净距应大于20mm，安装在非耐火的墙壁上时，应加垫隔热板，隔热板每边应比热水器外壳尺寸大100mm。

③热水器与燃气表、燃气灶的水平净距不得小于300mm。

④热水器的上部不得有电力明线、电器设备和易燃物，热水器与电器设备的水平净距应大于300mm，其周围应有不小于200mm的安全间距。

### 2. 燃气热水器的安装要求

①热水器应安装在通风良好的房间或过道中，房间的高度应大于2.5m，不能安

装在橱柜中，散热不好会有安全隐患。

②安装热水器时，应保证烟道排气的通畅。

③勿将机器安装在抽风扇与燃气灶之间，否则可能会引起故障和不完全燃烧。

④燃气管应明设，连接燃气热水器的燃气管应使用镀锌管，不宜用橡胶软管连接。

⑤热水器应安装在操作、检修方便又不易被碰撞的位置。

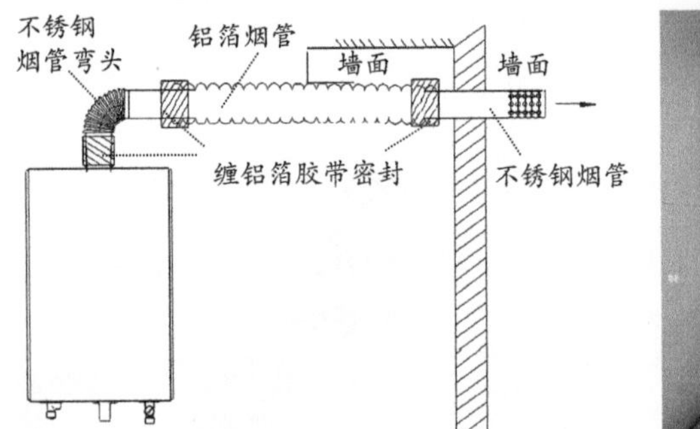

燃气热水器安装示意

## 5.5.6 如何安装电热水器

### 1. 电热水器的安装环境要求

电热水器的安装环境要求见下表。

| 序号 | 内容 |
|---|---|
| 1 | 电热水器应安装在承重墙上，墙体必须是实心墙，如果无法准确判断是否承重墙，要在热水器下面加装支架支撑 |
| 2 | 横挂式电热水器右侧需与墙面至少保持30cm距离，以便维护保养 |
| 3 | 电热水器不要安装在吊顶内，不便于电热水器的保养和维护，影响产品的排水，影响安全阀加热时泄压，存在损坏吊顶的隐患 |
| 4 | 安装环境应是比较干燥通风、无其他腐蚀性物质存在、水和阳光不能直接接触的地方 |
| 5 | 电热水器下方需有可靠的有效排水地漏，以便排水 |
| 6 | 电热水器供电的插座应符合使用安全的独立固定三极插座（不得使用活动插座），插座与电热水器插头应匹配 |
| 7 | 电热水器的水压正常，一般不超过0.7MPa，如水压过高，一定要在前面加装减压阀;且泄压阀需要安装导流管，引到地漏或排水处 |

### 2. 电热水器的安装要求

①先将热水器挂在墙面上，再装水路。

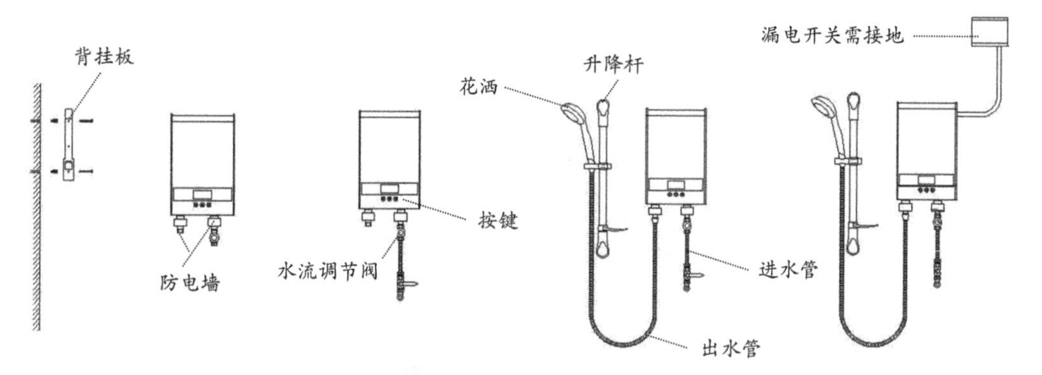


即热型电热水器安装示意

②水路安装必须选用 PPR 材料的卫生水管，水管连接处应用密封圈可靠连接，安全阀应直接与热水器进水接口连接，再连接水管。

③水路安装前必须辨别与热水器相对应的冷、热水接口位置，应清理管内污物，并辨别其水路走向及判断管路连通的设施是否合理，确认正确后再安装。

④安装热水器的正下方地面必须要有有效排水地漏。

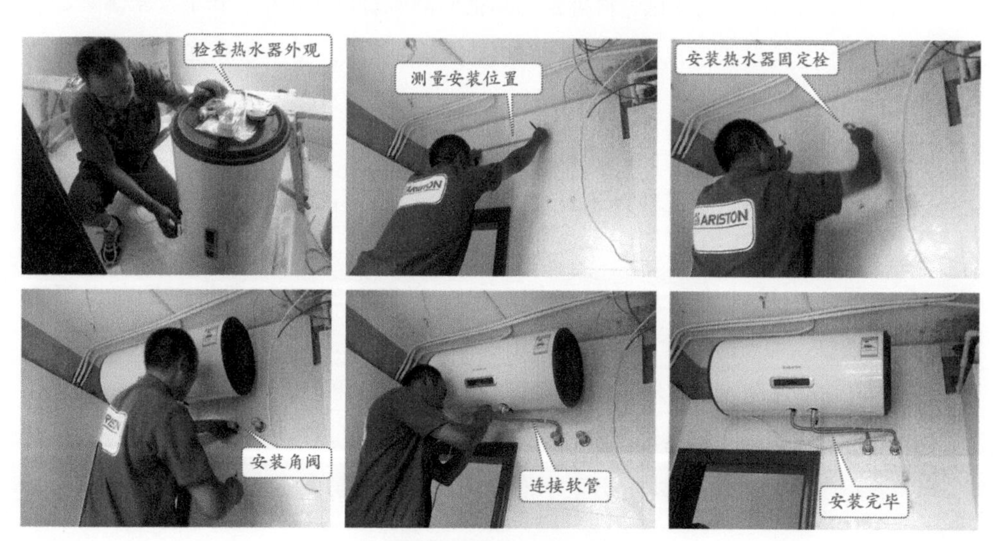


储水型电热水器安装示意

## 5.5.7 如何安装洗碗机

### 1. 洗碗机安装前需考虑的事项

①洗碗机应使用专用的电源插座，在埋线时就将其考虑进去，连接到厨房电器专用回路中。

②安装洗碗机的位置，在水电进行施工时，应预留电源插座、给水、排水的位置。

③电源插座、给水、排水的位置应根据选择的型号而定，不同型号的洗碗机会有差别。

洗碗机效果图

### 2. 洗碗机安装要求

①洗碗机可以独立安装，也可嵌入安装与橱柜一体，此种方式应注意远离热源、积水。

②如果洗碗机安装在厨房的拐角处，应注意开门时不受阻碍。

### 3. 进水管安装

①进水管的端部接进水阀，将进水管与适配的水管接头连接，并确认牢靠程度。

②检查水龙头是否漏水，打开水龙头让水流一会儿，将杂质和浑水流出，再将洗碗机的进水管连接好。

### 4. 排水管安装

①排水管的末端可以直接插入直立式下水道端口中，也可与洗碗池共用一个下水口。

②如果下水管的末端是平的，需连接一个向上的90°弯头，且向上延伸10 ~ 20cm后，再将排水管末端插入其中。

③排水管不可浸入到下水管内的水面中，以防废水倒流。

④任何情况下，排水管的最高部分距离地面都应在40 ~ 100cm之间，下水管的端口应高于自本端口起到本部分下水汇入主下水管的连接口之间的任何部分。

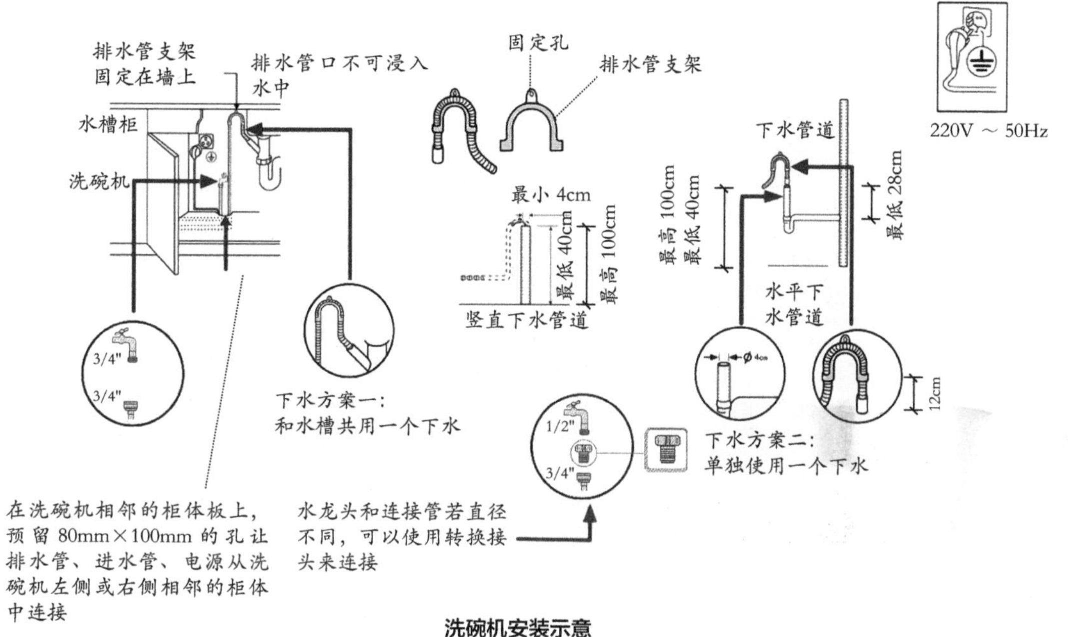


洗碗机安装示意

## 5.5.8 如何安装净水器

净水器的安装步骤见下表。

| 序号 | 图解 | 内容 |
| --- | --- | --- |
| 1 | | 检查零配件是否齐全 |
| 2 | | 将主机与滤芯连接好 |
| 3 | | 装 RO 膜，用适当的扳手拧好各接头及滤瓶 |
| 4 | | 将压力桶取出，将压力桶小球阀安装在压力桶的进出水口（注：请勿旋转太紧，易裂） |

| 序号 | 图解 | 内容 |
|---|---|---|
| 5 | | 将水龙头安装到水槽适当的位置之上，固定好水龙头，然后将 2 分（2 分 =$d_n$8）水管插入与水龙头连接口 |
| 6 | | 剪适当的水管将各原水、纯水、压力桶、废水管分别连接好 |
| 7 | | 将进水总阀关闭，把进水三通及 2 分球阀安装好［注：冷热进水管千万不能搞错，RO（反渗透）机进水为冷水。安装前检测水压，如高于 0.4MPa 需加装减压阀］ |
| 8 | | 先将主机与压力桶连接好，再将主机与进水口连接好，剪适当长度的管子连接于废水出口处，另一端与下水道连接，然后用扎带固定好废水管 |
| 9 | | 理顺各接好的水管，并用扎带扎好，将压力桶与主机摆放好，并将各水管理顺，插上电源打开水源（注：一定要仔细检查水管是否理顺，防止水管弯折） |
| 10 | | 打开压力桶球阀并检查各接头是否渗水 |

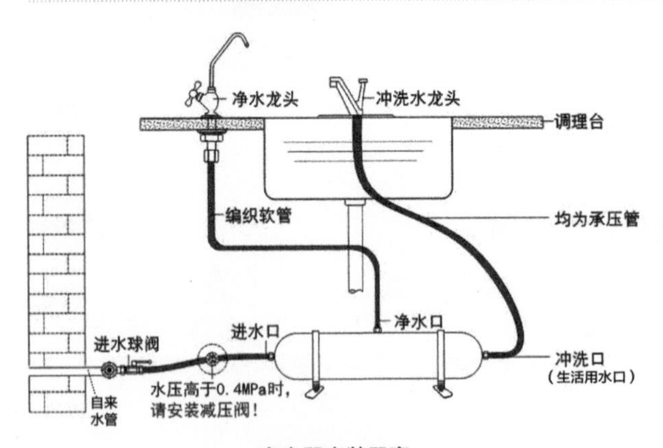


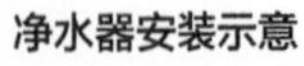
净水器安装示意

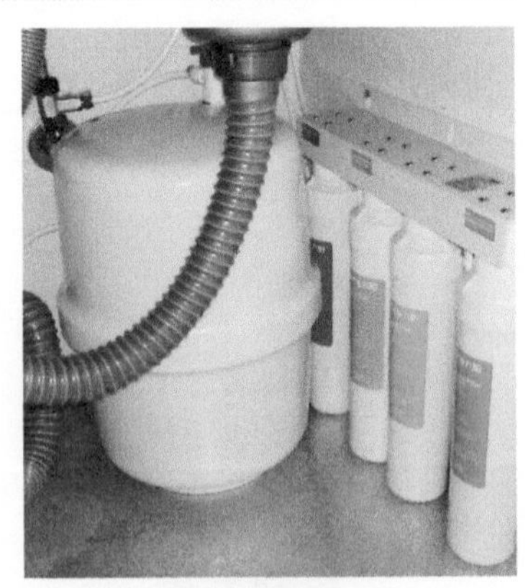
净水器安装效果图

Tips

a. 建议放净化水时打开进水球阀，不放水时，关闭进水球阀。
b. 如果长时间不使用净水器，需要关闭进水阀门，拆下所有的滤芯，晾干后，密封保存。否则截留下来的物质会导致滤芯发臭。
c. 正常使用中，每天第一次使用时，建议打开，排出 500mL 水后，再接饮用水。
d. 应定期更换或者清洗滤芯。

## 5.5.9 如何安装垃圾处理器

垃圾处理器的安装步骤见下表。

| 序号 | 图解 | 内容 |
| --- | --- | --- |
| 1 | | 从水槽上拆下现有管道，清除堵塞物，务必疏通水平排水管与污水管的连接处 |
| 2 | | 将橡皮垫圈放在水槽凸缘下方，再将水槽凸缘穿过水槽排水口，如果水槽不适宜用橡皮垫圈，则可用水管油灰封在水槽凸缘边下 |
| 3 | | 使用箱内提供的部件把挂接组件附着于水槽下。将橡皮垫圈、金属衬环和固定套环进一步紧压在水槽凸缘上，拧紧组件螺钉直到整个安装组件稳固地接合在水槽上 |
| 4 | | 安装食物垃圾处理器排水管和排水闸管。安装排水管时必须先将金属凸缘和橡皮垫圈套在排水管头上，以防止渗漏。将组合好的排水管接到食物垃圾处理器上，再接上闸管 |
| 5 | | 连接垃圾处理器和挂接组件，使用“快速锁定”挂接机械装置。用 6.3mm 端头的扳手（或随机附赠的六角扳手）将食物垃圾处理器牢牢地锁定到位 |
| 6 | | 安装垃圾处理器供电部分和空气开关（个别型号需另配）。然后将水槽塞子盖住，装满水，再移开塞子让水排出，如有渗漏需及时修补，这样食物垃圾处理器就可以使用了 |

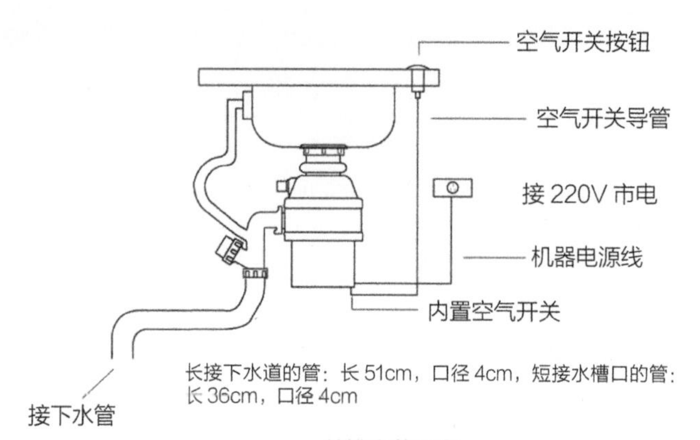


单槽安装示意

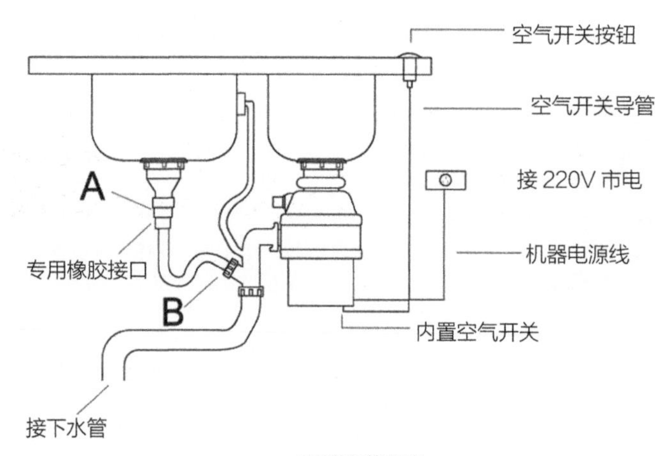


双槽安装示意

垃圾处理器安装效果图

**Tips**

a. 为避免对厨房垃圾处理器造成不必要的伤害，不能将整根玉米棒、大骨头、金属、塑料、玻璃等物品倒入垃圾处理器。

b. 研磨食品残渣时不要用热水，但在研磨间断期可以让热水流入处理器。

c. 在厨房垃圾处理器工作运转的时候，切勿将手或者手指放入处理器。

d. 等到研磨结束并只能听到电机和流水的声音时，才可以关掉水或处理器。